KÄFER

Das neue kompakte Bestimmungsbuch

KÄFER

Das neue kompakte Bestimmungsbuch

Ken Preston-Mafham

KÖNEMANN

6 Blundell Street
London N7 9BH

Original title: Bugs and Beetles

Könemann Verlagsgesellschaft mbH
Bonner Str. 126, D-50968 Köln

Übersetzung aus dem Englischen: Dagmar Freytag
Satz und Redaktion: Regine Ermert
Druck und Bindung: Sing Cheong Printing Co., Ltd.
Printed in Hong Kong, China
ISBN 3-8290-1297-7

10 9 8 7 6 5 4 3 2 1

INHALT

EINFÜHRUNG 7

KÄFER ODER SCHNABELKERF? 7

HINWEISE ZUR BENUTZUNG DES BUCHES 12

SCHNABELKERFE – *Ordnung Hemiptera* 14

UNTERORDNUNG HETEROPTERA (WANZEN) 14

UNTERORDNUNG HOMOPTERA (PFLANZENSAUGER) 35

KÄFER – *Ordnung Coleoptera* 44

REGISTER 80

EINFÜHRUNG

Käfer und Schnabelkerfe findet man überall – in Gärten und Waldgebieten, auf Berggipfeln oder in Seen, Teichen und Flüssen. Mit ihrer festen Hülle, die sie vor Austrocknung schützt, können sich besonders Käfer den heißen, trockenen Wüstenbedingungen gut anpassen; oft sind sie hier die artenreichste Insektengruppe. Viele der Käfer, Wanzen und Pflanzensauger sind ernstzunehmende Schädlinge. Andere, wie die Marienkäfer, helfen dem Menschen im Kampf gegen solche Schädlinge, zum Beispiel gegen Blattläuse.

KÄFER ODER SCHNABELKERF?

Im Umgang mit diesem Buch stellt sich zuerst die Frage, wie man einen Käfer von einem Schnabelkerf unterscheidet. Abgesehen von ein paar glänzenden, plumperen Schnabelkerfarten sind die Unterschiede offensichtlich und mit etwas Übung leicht zu erkennen.

Käfer und Schnabelkerfe gehören zwei entfernt verwandten Insektengruppen an, mit völlig verschiedenen Entwicklungsstadien vom Ei zum erwachsenen Tier (Imago). Schnabelkerfe gehören zur Ordnung Hemiptera und durchlaufen – ähnlich wie Grillen, Schaben und Ohrwürmer – eine unvollkommene Metamorphose (Verwandlung). Sie wird unvollkommen genannt, weil bereits die Nymphen (Jugendstadien) quasi eine Miniaturausgabe der erwachsenen Tiere sind. Diese Nymphen entwickeln sich langsam in mehreren Larvenstadien, die durch Häutungen getrennt werden und in denen ihnen aus kleinen Flügelansätzen schrittweise Flügel wachsen, bis nach der letzten Häutung (bei geflügelten Arten) das flügeltragende Tier zum Vorschein kommt. In der Mehrzahl dieser Familien ernähren sich die Nymphen auf dieselbe Weise wie die ausgewachsenen Tiere.

Käfer gehören zur Ordnung Coleoptera und gelten, ebenso wie Schmetterlinge, Bienen und Fliegen, wegen ihrer vollkommenen Metamorphose als höherentwickelte Insekten. Das dem Ei entschlüpfte Geschöpf wird als Larve bezeichnet. Es unterscheidet sich deutlich vom erwachsenen Tier und ernährt sich – im Gegensatz zu den meisten Schnabelkerfarten – nicht

Zwei Nymphenstadien der australischen Wanzenart *Tectocoris diophthalmus*. Die beiden orangefarbenen Nymphen haben sich gerade gehäutet. Bald wird der Panzer aushärten und die metallisch schillernde Blaufärbung annehmen.

Diese frisch aus dem Ei geschlüpften Baumwanzen-Nymphen der Gattung *Edessa* sind Miniaturausgaben ihrer Eltern. Ihre erste Mahlzeit besteht aus den eigenen Eihüllen, aus denen sie Protozoen aufnehmen, die dann symbiotisch in ihrem Verdauungssystem leben. Bei vielen Pflanzensaugern spielt dies eine wichtige Rolle bei der Verdauung.

zwangsläufig von denselben Nahrungsquellen. Während sich zum Beispiel eine Bockkäfer-Larve in ihrer Entwicklung durch Baumstämme frißt, lebt der erwachsene Käfer ausschließlich von Blütennektar und Pollen. Die Larve durchläuft eine Reihe von Häutungen, an deren Ende eine Ruhephase steht – das Puppenstadium. In diesem Stadium geschieht die unglaubliche Verwandlung, bei der die gesamte larvale Zellstruktur aufgebrochen und zu dem erwachsenen Insekt neu kombiniert wird, wie ein kompliziertes Puzzle. Nach einem bestimmten Zeitraum entschlüpft der Puppe das fertige Insekt. Bei Käferarten, deren Larvenfutter nährstoffarm ist, kann die gesamte Entwicklung vom Ei zum Imago mehrere Jahre dauern.

Es gibt kein Patentrezept, um auf den ersten Blick Schnabelkerfe und Käfer in ihren Jugendstadien zu unterscheiden. Nymphen besitzen immer Beine, vielen Käferlarven dagegen fehlen sie. Meist hilft ein Blick auf die Unterseite: Eine Nymphe weist stets einen nadelartigen Saugrüssel auf, der vom Kopf aus nach unten führt oder längs unter den Körper gezogen ist. Im Gegensatz dazu besitzen Käferlarven beißende Mundwerkzeuge mit normalerweise auffälligen Kiefern.

Auch die erwachsenen Tiere beider Gruppen kann man auf diese Weise oft leicht unterscheiden. Man kann sie aber auch von oben gut auseinanderhalten,

Nachdem sich diese Nymphe der australischen Zikade mit ihren Klauen in der Borke eines Baumstamms festgekrallt hat, bildet sich in der Mitte des Rückens ein Riß, durch den das noch weiche und farblose Insekt schrittweise herausschlüpft.

ohne sie anfassen zu müssen: Schnabelkerfe der Unterordnung Homoptera (Pflanzensauger) unterscheiden sich durch ihre Hautflügel, die zeltartig über den Körper gehalten werden, recht deutlich von allen Käfern. Dagegen kann es mit vielen Angehörigen der Unterordnung Heteroptera (Wanzen) Probleme geben, besonders bei den Stinkwanzen (Überfamilie Pentatomoidea), die oft mit Käfern verwechselt werden. Das entscheidende Merkmal ist hier die Art, wie die Flügel über dem Rücken zusammengelegt werden. Bei den meisten Wanzen werden die flach am Körper anliegenden Vorderflügel so gehalten, daß sich der häutige Spitzenabschnitt in Form eines Dreiecks überlappt. Das Scutellum (»Schildchen«, der hintere Teil der Mittelbrust) bildet in der

Die Larven des Käfers *Zophobas rugipes* sind beinlos und dem eng verwandten Mehlkäfer sehr ähnlich, dessen Larven (Mehlwürmer) massenweise als Futtermittel für verschiedene Kleintiere gezüchtet werden.

Die Larve des Siebenpunkt-Marienkäfers, *Coccinella 7-punctata*, sieht ganz anders aus als der gelbrote, schwarz gepunktete erwachsene Käfer. Käfer und Larve ernähren sich von Blattläusen.

Die Puppe des Siebenpunkt Marienkäfers hängt normalerweise ohne Sichtschutz an einem Blatt oder Stengel. Im Gegensatz dazu sind die Puppen der meisten Käferarten gut versteckt. Rechts, da wo die Puppe am Blatt befestigt ist, sieht man noch einen Teil der abgestoßenen Larvenhaut.

Regel ein zweites Dreieck. Schnabelkerfen tragen also im Normalfall zwei Dreiecke auf dem Rücken (siehe Abb. 1).

Bei Käfern laufen die harten Flügeldecken oder Elytren (eigentlich umgewandelte Vorderflügel) in einer geraden Linie mitten über dem Rücken zusammen (siehe Abb. 2). Die meisten Käfer halten die Elyten zum Fliegen aufwärts gerichtet, so daß sie beim Ausbreiten der gefalteten Hinterflügel nicht stören. Nach der Landung werden die Hinterflügel wieder zusammengefaltet und die Elytren ge schlossen. Den – Käfern sehr ähnlichen – Schildwanzen (Familie Scutelleridae) fehlt diese Rückenlinie; ein Hinweis darauf, daß sie eben keine Käfer sind.

Eine erwachsene Saumwanze (Familie Coreidae) zeigt ihr stilettartiges Saugwerkzeug (Rostrum).

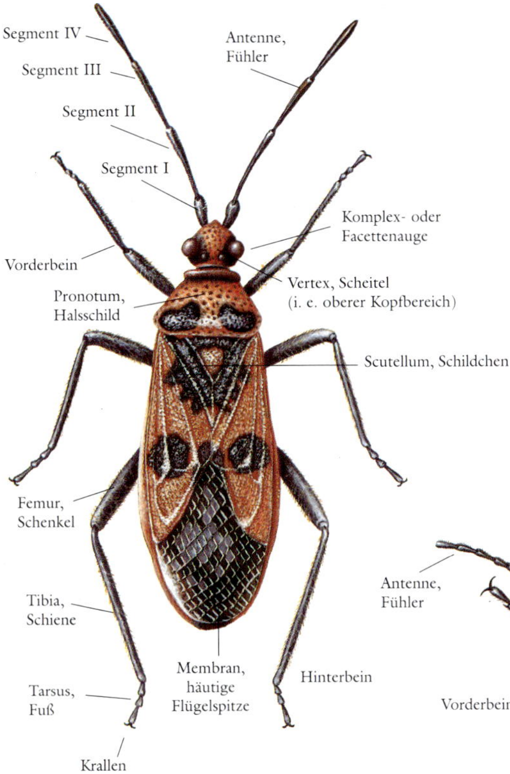

Abb. 1 Blatt- oder Baumwanze

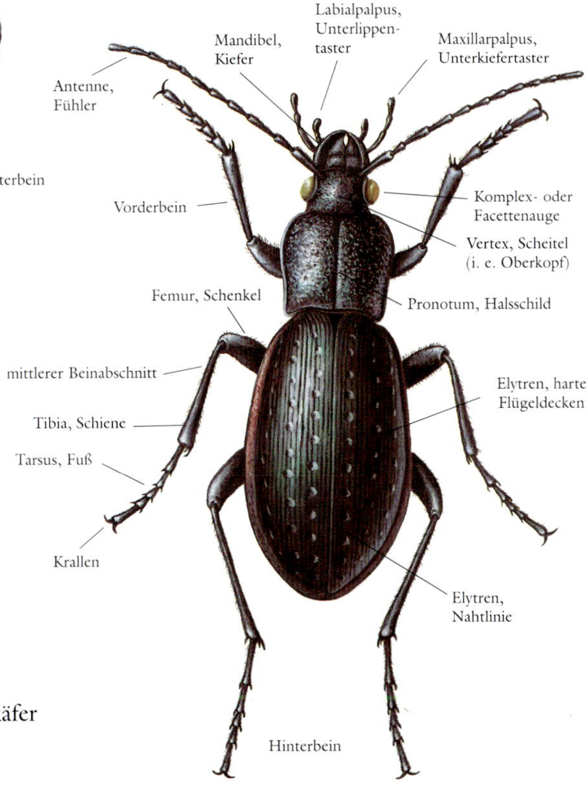

Abb. 2 Laufkäfer

Hinweise zur Benutzung des Buches

Zuerst entscheiden Sie mit Hilfe der Abbildungen 1 und 2, ob Sie es mit einem Käfer oder einem Schnabelkerf zu tun haben. Dann suchen Sie auf den Fotos ein Insekt, das dem zu bestimmenden am ähnlichsten sieht. Danach sollten Sie die Informationen über die betreffende Familie zusammen mit der Beschreibung des gewählten Insekts lesen, um festzustellen, ob Ihre Bestimmung vermutlich zutrifft oder nicht.

Der folgende Familienstammbaum zeigt, wie die Arten eingestuft werden, und führt die deutschen wie die lateinischen Bezeichnungen auf. Am Beispiel von drei Arten (Italienische Streifenwanze, Europäischer Laternenträger und Gebänderter Pinselkäfer) wird demonstriert, wie das Klassifikationssystem funktioniert.

Reich – Tiere
(alle Tiere)

Stamm – Gliederfüßer (Arthropoda)
(alle Tiere mit gliedrigen Beinen)

Klasse – Insecta
(Kerbtiere)

Ordnung – Hemiptera
(Schnabelkerfe)

Unterordnung Heteroptera

Überfamilie Pentatomoidea
(z. B. Kugelwanzen und Baumwanzen)

Familie Pentatomidae
(Baumwanzen)

Gattung *Graphosoma*

Art *italicum*
(Italienische Streifenwanze)

Unterordnung Homoptera

Überfamilie Fulgoroidea
(z. B. Laternenträger und Mottenschildläuse)

Familie Dictyopharidae
(Falsche Laternenträger)

Gattung *Epiptera*

Art *europaea*
(Europäischer Laternenträger)

Ordnung – Coleoptera
(Käfer)

Überfamilie Scarabaeoidea
(z. B. Hirschkäfer und Maikäfer)

Familie Scarabaeidae
(Blatthornkäfer)

Gattung *Trichius*

Art *fasciatus*
(Gebänderter Pinselkäfer)

Bitte beachten Sie, daß die Gattungs- und Artbezeichnungen innerhalb des Fließtextes kursiv gesetzt sind.

Der Bestimmungsteil dieses Buches teilt sich in drei Gruppen: Die Unterordnungen Heteroptera (Wanzen) und Homoptera (Pflanzensauger) innerhalb der Ordnung Hemiptera (Schnabelkerfe) sowie die Ordnung Coleoptera (Käfer). Jede zugehörige Familie wird kurz beschrieben. Dann werden aus jeder Familie einzelne Vertreter vorgestellt – mit der lateinischen Artbezeichnung, dem deutschen Namen (soweit vorhanden) sowie den Angaben über allgemeine Merkmale und bekannte Verbreitungsgebiete.

Die Symbole bei jedem Eintrag übermitteln die wichtigsten Informationen auf einen Blick.

Symbolschlüssel

LARVENSTADIEN

Larven leben im Freien und ernähren sich von Blättern, Stengeln usw.

Larven verbergen sich, z. B. in Holz, im Wurzelwerk usw.

LEBENSRAUM

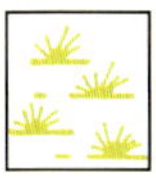

Offene Bereiche im allgemeinen, z. B. Straßenränder, Gras- und Buschland, Steppe etc.

Wald und baumbestandene Gebiete (bevorzugt auf Lichtungen).

Häufig in Gärten und in der Nähe von Wohnhäusern.

Überwiegend in der Wüste.

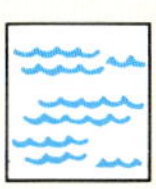

In oder am Wasser.

ERNÄHRUNG

Pflanzenfresser; ernährt sich von Blättern, Stengeln, Pflanzensaft, Holz, Pilzen usw.

Raubinsekt; ernährt sich von anderen Insekten.

Aasfresser; lebt von Dung, Aas usw.

Die Larven leben räuberisch; das erwachsene Tier ist ein Pflanzenfresser.

SCHNABELKERFE

Ordnung Hemiptera

Diese Insektenordnung umfaßt um die 67 500 dokumentierte Arten, die sich in die beiden Unterordnungen Heteroptera und Homoptera aufspalten. Ihr gemeinsames Kennzeichen ist das stechend-saugende Mundwerkzeug, das sich innerhalb eines schnabelähnlichen Rostrums (Stechrüssels) befindet.

UNTERORDNUNG HETEROPTERA (WANZEN)

Die Wanzen besitzen einen Gelenk-Rüssel, den sie aus der Ruheposition an der Unterseite des Körpers nach vorn oder nach unten schwingen können. Die Flügel (sofern vorhanden) werden in Ruhestellung flach über dem Hinterleib getragen. Die Vorderflügel sind zu zwei Dritteln ledrig-fest, der Endteil ist häutig.

Überfamilie **ARADOIDEA**

RINDENWANZEN *Familie Aradidae*

Eine mittelgroße Familie von rund 1800 stark abgeflachten Arten, die gewöhnlich auf Bäumen oder unter deren Borke leben; überwiegend auf solchen mit Pilzbefall, an dem die Tiere fressen. Einige Arten ernähren sich mehr von Pflanzensaft als von Pilzen. Die Körpergröße schwankt zwischen 3 und 13 mm, wobei besonders der Kopf insofern charakteristisch ist, als die Fühleransätze als knötchenartige Auswüchse erscheinen.

DYSODIUS LUNATUS

BESCHREIBUNG Mit einer Länge von etwa 13 mm gehört diese Art zu den größten Rindenwanzen. Sie versammeln sich in großer Zahl an umgefallenen Bäumen in den Tropengebieten Amerikas. Der stark abgeflachte Körper weist eine Reihe seitlicher Ausstülpungen auf, die ein loses Borkenstück imitieren. Amerikanische und europäische Arten ähneln sich im wesentlichen, letztere sind allerdings viel kleiner.

VERBREITUNG Amerikanische Tropen; häufig im Regenwald von Costa Rica.

Überfamilie **CIMICOIDEA**

SICHELWANZEN *Familie Nabidae*

Sichelwanzen sind recht schlanke Tiere in gedeckten, dunklen Farben, die durch die Vegetation oder über den Boden streifen und nach Beutetieren wie kleinen Insekten oder Spinnen Ausschau halten. Die weltweit knapp 400 bekannten Arten leben alle räuberisch. Bei der Begattung durchdringt das Männchen die Außenhaut des Weibchens, und das Sperma sucht sich seinen Weg durch ihre Körperflüssigkeiten bis zu den Ovarien (Eierstöcken).

DOLICHONABIS LIMBATUS

BESCHREIBUNG Ihre Größe von 6–13 mm ist typisch für die gesamte Familie; allerdings ist sie von anderen, verwandten Arten ohne genaue Kenntnisse des Körperbaus kaum zu unterscheiden. Erwachsene Tiere findet man ab Anfang Juli an hohen Grasbüscheln feuchter Wiesen und in der dichten, niedrigen Randvegetation der Marschen. Nur selten sind die Flügel voll entwickelt. Wie alle Sichelwanzen stürzen sie sich auf jedes Beutetier, das klein genug ist, um bezwungen zu werden. Diese hier verspeist gerade die Nymphe einer Grünen Stinkwanze.

VERBREITUNG Kommt in ganz Europa häufig vor; viele ähnlich aussehende Arten in Nordamerika.

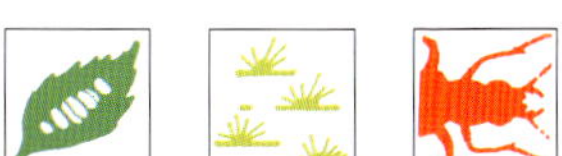

Überfamilie **PENTATOMOIDEA**

KUGELWANZEN *Familie Plataspidae*

Aufgrund ihrer kugeligen Körper mit flachen Unterseiten hält man die Mitglieder dieser Familie oft für Käfer. Das Schildchen ist sehr groß und bedeckt fast den gesamten Hinterleib, aber der Rücken weist – im Gegensatz zu Käfern – keine Mittellinie auf. Dokumentiert sind etwa 500 Arten, überwiegend aus den wärmeren Regionen der Erde. Die meisten Arten ernähren sich von Pflanzen, einige wenige von Pilzen.

LIBYASPIS COCCINELLOIDES

BESCHREIBUNG Ebenso wie viele andere Mitglieder der Familie weisen die erwachsenen Tiere dieser Art deutliche Unterschiede zu den Jugendstadien auf. Die mattglänzenden Nymphen sind auf den Borken ihrer Wirtsbäume gut getarnt, während sich die knapp 2 cm großen Imagines markant abheben, stark glänzen und recht kräftig gefärbt sind. Auffallend ist, wie der Kopf der Erwachsenen völlig hinter dem großen Halsschild verschwindet.

VERBREITUNG Afrikanische Tropen und Madagaskar.

Schildwanzen

Familie Scutelleridae

Die rund 400 Arten dieser Familie werden oft mit Käfern verwechselt. Das Scutellum (Schildchen) ist sehr groß und bedeckt den gesamten Hinterleib, jedoch ohne die für Käfer typische Mittellinie auf dem Rücken. Viele Arten erstrahlen in leuchtend metallischen Farbtönen. Sie alle sind Pflanzenfresser, und einige von ihnen zählen zu den Schädlingen.

Stiretrus anchorago

BESCHREIBUNG Die Zeichnung auf dem Rücken fällt bei der hier abgebildeten Farbform weniger ins Auge als bei der ebenso häufigen schwarzroten Variante. Die 8 bis 13 mm lange Wanze ist ein Raubinsekt, das überwiegend die weichen Larven anderer Insekten aussaugt, aber auch erwachsene Käfer nicht verschmäht (siehe Bild). Meist bewohnt sie waldreiche Gebiete.

VERBREITUNG USA und Mittelamerika.

Tectocoris diophthalmus

BESCHREIBUNG Die Männchen dieser auffälligen Wanzenart erreichen eine Größe von 19 mm, die Weibchen bis zu 22 mm. Das Schildchen leuchtet strahlend orange mit unregelmäßigen, schwarzblauen oder grünen Flecken. Diese Art befrißt verschiedene Hibiskus-Gewächse, einschließlich Baumwolle, und kann hier zur Plage werden. Das Weibchen bewacht ihren Eihaufen, überläßt die Nachkommen jedoch sich selbst.

VERBREITUNG Tropischer und subtropischer Osten Australiens.

BAUMWANZEN

Familie Pentatomidae

Mit weltweit über 5000 Arten ist sie die bei weitem größte Wanzenfamilie. Die meisten Arten haben eine rundliche oder breit-ovale Form und häufig spitz zulaufende seitliche Auswüchse am Halsschild. Oft produzieren sie Töne, indem sie eine Zapfenreihe an den Hinterbeinen an einen gekerbten Bereich auf der Unterseite ihres Hinterleibes reiben. Die meisten Pentatomiden saugen Pflanzensäfte; einige wenige Arten leben räuberisch.

ACANTHOSOMA HAEMORRHOIDALE

Stachelwanze

BESCHREIBUNG Weißdornbeeren bilden die Hauptnahrung für Imago und Nymphe, deren rotgrüne Färbung gut an die Futterpflanze angepaßt ist. Ab August findet man die jungen erwachsenen Tiere, die dann überwintern und im folgenden Frühjahr wieder erscheinen. Die Körperlänge von 13 mm unterscheidet diese Art von der etwas kleineren Bunten Blattwanze (*Elasmostethus interstinctus*).

VERBREITUNG Kommt in Europa häufig vor und ist weit verbreitet.

ELASMUCHA GRISEA

Fleckige Brutwanze, Birkenwanze

BESCHREIBUNG Das recht kleine Weibchen (etwa 8 mm) legt seine rautenförmigen Eihaufen meist an Blättern ab. Dann stellt es sich über das Gelege und bewacht es so etwa 2–3 Wochen, bis die Nymphen geschlüpft sind. Es hält dann noch einige Wochen über oder neben der sich entwickelnden Brut Wache, bis diese fast bis zur letzten Häutung herangewachsen ist. Die Nymphen sind weitaus farbenfroher als die recht dunklen Imagines.

VERBREITUNG Europa. Häufig auf Birken zu finden.

GRAPHOSOMA ITALICUM

Italienische Streifenwanze

BESCHREIBUNG Aufgrund ihrer schwarzen und roten Längsstreifen ist diese 13 mm große Wanze mit keiner anderen europäischen Art zu verwechseln – außer mit *G. semipunctatum,* bei der sich die Streifen am Halsschild zu Punkten auflösen. Wie auf dem Bild gut zu sehen ist, unterscheidet sich das erwachsene Tier recht deutlich von der mit Grau-Creme-Tönen getarnten Nymphe. Die bevorzugten Futterpflanzen sind verschiedene Doldengewächse.

VERBREITUNG Süd- und Mitteleuropa.

PALOMENA PRASINA

Grüne Stinkwanze

BESCHREIBUNG Unter den vielen sich ähnelnden Grünen-Stinkwanzen-Arten ist sie die einzige, die man auch in Nordeuropa (einschließlich der Britischen Inseln) häufiger antrifft. Erwachsene Tiere erreichen eine Länge von 13 mm. Ihre Auswahl an Wirtspflanzen, viele davon auch in Gärten, ist riesig. Die etwas größere *Nezara viridula* sieht ähnlich, aber insgesamt schmaler aus. Sie und ihre herrlich rosa, grün und schwarz gefärbten Nymphen kommen in den wärmeren Regionen der Erde, einschließlich Südeuropa, USA und Australien, häufig vor.

VERBREITUNG In vielen Teilen Europas.

PERILLUS BIOCULATUS

BESCHREIBUNG Wie man an den sich paarenden Tieren sieht, kann die Färbung dieser eindrucksvollen Wanze stark variieren. Die Zeichnung kann rot, orange, gelb oder weiß sein, steht aber immer auf schwarzem Grund. Diese 8–13 mm große Art ist ein wichtiger Vernichter des Colorado-Kartoffelkäfers.

VERBREITUNG In den USA weit verbreitet.

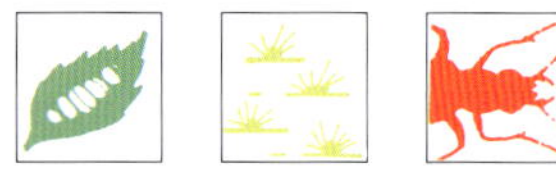

PEROMATUS sp.

BESCHREIBUNG Dies ist eine der beiden großen, bildschönen Baumwanzen-Gattungen (*Edessa* ist die andere), deren Heimat die amerikanischen Tropen sind. Die erwachsenen Tiere erreichen eine Länge von 25 mm und mehr. Oft tragen sie schwarzgelbe Streifen auf der Unterseite. Gewöhnlich weist der Halsschild an der Seite stumpfe Ausstülpungen auf. Viele Arten befressen giftige Nachtschattengewächse *(Solanaceae)*. Mit den Schiffsladungen tropischer Früchte, besonders Bananen, gelangen diese Wanzen gelegentlich auch in kühlere Regionen der Erde.

VERBREITUNG Amerikanische Tropen.

Überfamilie **LYGAEOIDEA**

BODENWANZEN *Familie Lygaeidae*

Eine große Familie mit weltweit über 3000 dokumentierten Arten. Die Imagines haben eine länglich-ovale Form; die Fühlerwurzel sitzt an der Unterseite des Kopfes, unterhalb der Augen. Sind Flügel vorhanden, werden im hinteren, membranen Teil der Vorderflügel deutlich fünf Adern sichtbar. Viele Arten haben auch verkümmerte Flügel. Der Rüssel besteht aus vier Gliedern. Einige wahre Riesen innerhalb der Familie werden bis zu 22 mm groß, die meisten sind viel kleiner. In der Mehrzahl ernähren sie sich von Pflanzen, ein paar jedoch greifen die Gelege oder die Jugendstadien kleinerer Insekten oder Würmer an; wieder andere saugen Blut.

ONCOPELTUS FASCIATUS

BESCHREIBUNG Wie die 8 mm langen, kräftig in Schwarz und Orange gezeichneten Imagines versammeln sich auch die knallroten Nymphen gern an Wolfsmilchgewächsen, deren Samen das Hauptnahrungsmittel dieser Art bilden. An milden Wintertagen kann man besonders große Gruppen der überwinternden Tiere beobachten.

VERBREITUNG Osten der USA und Mittelamerika.

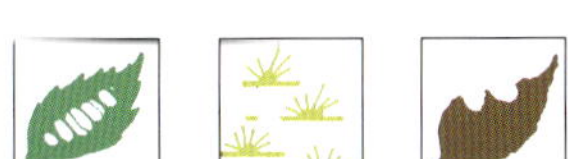

Lygaeus kalmii

BESCHREIBUNG Diese etwa 8 mm lange Wanzenart ist rot und schwarz gezeichnet, mit einem roten Fleck auf dem Kopf und zwei weißen auf den Flügeln. Man findet sie an Blütenköpfen und Samenschoten etlicher Wolfsmilchgewächse. Zwei in Europa häufige Ritterwanzen-Arten sind ähnlich: *Lygaeus equestris* weist ebenfalls weiße Flügelflecken auf, bei *Lygaeus saxatilis* dagegen fehlen sie.

VERBREITUNG Vom größten Teil Nordamerikas bis nach Mexiko.

Neacoryphus bicrucis

BESCHREIBUNG Mit nur 6–9 mm ist diese Art wesentlich kleiner als die bisher aufgeführten rotschwarzen Bodenwanzen. Auffällig ist besonders das weiße Kreuz auf dem Rücken. Die Art befrißt ausschließlich gelbblühende Ambrosia-Pflanzen. Einzelne Exemplare trifft man selten, denn Hochzeitspaare sind die Regel. Das liegt daran, daß die Männchen ihren Partnerinnen treu sind und sie gegen Rivalen verteidigen, bis der nächste Eihaufen gelegt ist – ein täglich stattfindendes Ereignis.

VERBREITUNG Im Osten Nordamerikas weit verbreitet.

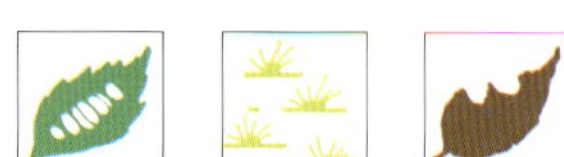

Überfamilie **PYRRHOCOROIDEA**

FEUERWANZEN *Familie Pyrrhocoridae*

Diese Familie umfaßt mehr als 300 Arten, die zumeist in den wärmeren Regionen der Erde leben. Während die meisten Arten als Nymphen rote und schwarze Warnfarben tragen, sind die erwachsenen Tiere oft recht dunkel gefärbt. Der dreieckige Kopf trägt neben den viergliedrigen Fühlern einen langen, schlanken und ebenfalls viergliedrigen Saugrüssel.

DYSDERCUS sp.

BESCHREIBUNG Dieses Hochzeitspärchen knapp 13 mm großer Wanzen steht stellvertretend für die weltweit große Gruppe mit sehr ähnlich aussehenden Arten. Selbst mit Fachkenntnissen kann es schwierig sein, die einzelnen Spezies voneinander zu trennen. Die leuchtenden Farben, die Nymphen wie Imagines zur Schau tragen, warnen Freßfeinde vor ihrer Ungenießbarkeit. Häufig sammeln sich Nymphen und erwachsene Tiere zu großen Freßverbänden, wobei einige Arten Kulturpflanzen, darunter Baumwolle, schädigen.

VERBREITUNG Mexiko und der Südwesten der USA.

PYRRHOCORIS APTERUS

Feuerwanze

BESCHREIBUNG Die etwa 13 mm großen Imagines sind meistens kurzflügelig. Ihr Kopf ist völlig schwarz, im Gegensatz zu den anderen *Lygaeus*-Arten, deren Kopf häufig schwarzrot ist. Nach dem Überwintern sammeln sich die erwachsenen Tiere oft in unübersehbaren Massen am Boden. Die Feuerwanze saugt an Samen vieler Pflanzen, ganz besonders von Malven- und Hibiskus-Arten (*Malvaceae*).

VERBREITUNG Von großen Teilen Europas, besonders dem Süden, bis in den Mittleren Osten. Auf den Britischen Inseln sehr selten.

LANGWANZEN

Familie Largidae

Die etwa 100 Vertreter dieser Familie sind mit den Feuerwanzen eng verwandt und werden diesen von einigen Experten immer noch zugeordnet. Die meisten Largiden saugen Pflanzensaft; ein paar Arten leben dagegen räuberisch. In der Mehrzahl konzentrieren sie sich auf die wärmeren Regionen der Erde, wo manche Arten gut 5 cm lang werden.

ARHAPE CICINDELOIDES

BESCHREIBUNG Dieser knapp 1 cm lange Wüstenbewohner aus dem Südwesten der USA gehört zu den zahlreichen Largiden, die ihr Leben am Boden im Geröll verbringen. Die schwarzweiße Wanze gleicht den Sandlaufkäfern, zwischen denen sie lebt und denen sie auch ihren botanischen Artnamen verdankt.

VERBREITUNG Die Wüsten im Südwesten der USA und in Mexiko.

Überfamilie **COREOIDEA**

Randwanzen, Lederwanzen *Familie Coreidae*

Die Lederwanzen verdanken den Namen ihrem lederbraunen Aussehen. Die etwa 2000 Arten saugen an einer Vielzahl von Pflanzen. Erwachsene Tiere sind ausnahmslos langflügelig, und der membrane Teil der Vorderflügel zeigt die charakteristische Reihe parallel verlaufender Adern. Die viergliedrigen Fühler verjüngen sich am Kopfansatz. Einige Arten erreichen eine Länge von 35 mm. Viele sind als Nymphen leuchtend gefärbt, wandeln sich jedoch in dunkelbraune oder schwarze Imagines. Diese Wanzenfamilie verfügt über gut entwickelte Stinkdrüsen.

NARNIA SNOWI

BESCHREIBUNG Die mit 8 mm Länge recht kleine, schlanke Wanze gehört zu einer Gattung, die typisch ist für die Wüstenregionen im Südwesten der USA und Mexikos. Hier ernähren sich viele der häufigsten Arten von Kaktus-Früchten und -Stämmen. Die abgebildete Art saugt an verschiedenen Pflanzenarten, einschließlich Yuccablüten (im Bild) und Wacholderbeeren. Typisch für diese Familie sind die auffällig verlängerten und abgeflachten Hinterbeine des Männchens. Die meisten Vertreter dieser Gattung sind recht dunkel in Braun- und Grautönen gefärbt.

VERBREITUNG Die Wüstenregionen im Südwesten der USA und in Mexiko.

ACANTHOCEPHALA TERMINALIS

BESCHREIBUNG Im Vergleich zu der äußerlich recht ähnlichen *Anasa tristis*, die zylindrische Schienen (Tibiae) besitzt, sind die hinteren Schienen dieser 10–22 mm langen Art verbreitert und blattförmig. Lederwanzen saugen an vielen verschiedenen Pflanzenarten. Viele der Arten sind sich sehr ähnlich.

VERBREITUNG Von weiten Teilen der USA bis nach Mexiko.

KRUMMFÜHLERWANZEN

Familie Alydidae

Früher den Coreiden zugeordnet, werden die Alydiden heute als eigenständige Familie betrachtet, da ihre verlängerten Körper erheblich schlanker sind als die von Coreiden. Verglichen mit diesen ist der Kopf auffällig breit; mehr als die halbe Breite des hinteren Randes des Halsschildes. Das vierte Fühlerglied ist immer leicht gebogen (daher der Name) und deutlich länger als das vorausgehende Glied. Die Nymphen vieler Arten imitieren die Schutztracht von Ameisen. Knapp 300 Arten aus allen Teilen der Erde sind bekannt.

HYALYMENUS sp.

BESCHREIBUNG Die abgebildete 13 mm große Imago ist typisch für die meisten der weit über den Globus verbreiteten Alydiden. Auffällig sind die für die Gattung typischen verlängerten, kräftigen Hinterbeine und der schlanke Körperbau. Der Rüssel ist nach unten geklappt, um an den grünen Früchten zu saugen, auf denen die Vorderbeine ruhen. Die Nymphen sehen einer großen Ameise ähnlich.

VERBREITUNG Weit verbreitet in den wärmeren Regionen Nord- und Südamerikas. Ähnlich aussehende Arten findet man von Europa aus Richtung Osten bis nach Australien und Richtung Süden bis nach Afrika.

GLASFLÜGELWANZEN

Familie Rhopalidae

Alle bekannten Arten dieser weltweit 150 Mitglieder umfassenden Familie saugen an den Samen vieler verschiedener Pflanzen. Einige Arten können dabei zu einer Plage werden. Oft zieren Einkerbungen, Stacheln oder Härchen die Körperoberfläche. Manchmal wird diese Familie immer noch für eine Unterfamilie der Coreiden gehalten.

LEPTOCORIS TRIVITTATUS

BESCHREIBUNG Charakteristisch ist die schmale ziegelrote Zeichnung auf beiden Seiten dieser 10–19 mm großen Wanzenart. Man findet sie in Laubwäldern und Gärten, oft auf Blättern verschiedener Ahornarten. Sie befällt aber auch andere Baum- und Buscharten und saugt an Blüten und Früchten. Sie ähnelt *Leptocoris rubrolineatus* aus dem Westen der Rocky Mountains.

VERBREITUNG Osten Nordamerikas.

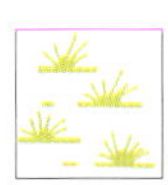

Corizus hyoscyami

BESCHREIBUNG Die oberflächliche Ähnlichkeit dieser 8 mm langen Wanze mit einigen Bodenwanzen ähnlicher Größe, Häufigkeit und Färbung kann recht verwirrend sein. Sie unterscheidet sich jedoch durch deutliche Behaarung und zahlreiche Adern in der Vorderflügel-Membran (bei den Lygaeiden sind es nie mehr als fünf). Erwachsene Tiere trifft man meist einzeln an verschiedenen Pflanzen sitzend an. Überwinternde Imagines sieht man im Juni und Juli, die neue Erwachsenengeneration erscheint dagegen Ende September.

VERBREITUNG In Europa weit verbreitet; auf den Britischen Inseln allerdings selten.

Überfamilie **TINGOIDEA**

Netzwanzen *Familie Tingidae*

Netzwanzen sind meist sehr kleine, abgeflachte Insekten; die größte ist nur 5 mm lang. So ist die ganze Schönheit der netzartigen Struktur bei den Imagines nur unter dem Mikroskop richtig zu sehen. Es gibt weltweit mehr als 1800 Arten; alle saugen an Pflanzen, wobei einige zu den Schädlingen zählen. Einige Arten erzeugen Schwellungen bzw. Gallen an ihren Wirtspflanzen.

Gargaphia solani

BESCHREIBUNG Eine der vielen ähnlich aussehenden Arten, die sich auf bestimmte Wirtspflanzen spezialisiert haben. Diese Art bevorzugt Nachtschattengewächse, vor allem *Solanum carolinense.* Die Weibchen bewachen nicht nur die eigene Brut, sondern auch die anderer Weibchen, die ihre Eier einfach bei ihnen abladen. Das betreuende Weibchen dieser Unzahl von Nymphen ist hier rechts oben im Bild.

VERBREITUNG In Nordamerika weit verbreitet.

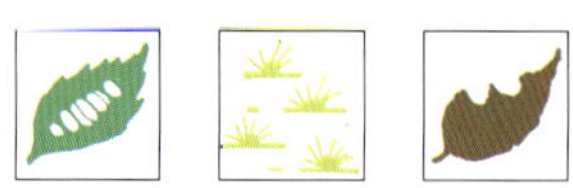

Überfamilie **MIROIDEA**

WEICHWANZEN *Familie Miridae*

Mit 7000–8000 dokumentierten Arten weltweit bilden die Miriden die mit Abstand größte Heteroptera-Familie. Es sind fragil wirkende und relativ kleine Wanzen; die größte wird 19 mm lang. Fühler und Saugrüssel sind jeweils viergliedrig. Die geflügelten Arten weisen in der Vorderflügelmembran zwei geschlossene Zellen auf. Die meisten von ihnen sind Pflanzenfresser; doch es gibt unter ihnen einige Räuber, die bei der Eindämmung von Schädlingen nützlich sind. Sie bilden Zweckverbände, die sich darauf spezialisiert haben, die Beute aus Spinnennetzen zu stibizen.

CALOCORIS STYSI

BESCHREIBUNG Hinsichtlich der Länge ist diese 6–9 mm große Art eine recht durchschnittliche Weichwanze, ihre Färbung macht sie jedoch zu einer der schönsten Miriden in Europa. Unverwechselbares Kennzeichen dieser Art ist die gelbe Zeichnung. Die Eierablage erfolgt in Borkenrissen; und bis die schlüpfenden Larven Mitte Juni erwachsen werden, saugen sie an etlichen Pflanzenarten, besonders aber an jungen Brennesselfrüchten *(Urtica dioica)*. Aber auch weichhäutige Insekten wie Läuse stehen auf dem Speiseplan.

VERBREITUNG Ganz Europa.

Überfamilie **REDUVIOIDEA**

GESPENSTERWANZEN *Familie Phymatidae*

Oft als Unterfamilie der Reduviidae betrachtet, sind diese etwa 100 bekannten Phymatiden-Arten mit keinem anderen Heteropterum zu verwechseln. Obwohl sie mit etwa 5 mm recht klein sind, erscheint ihr Körper bizarr und ist oft extravagant mit Hautlappen und anderen seitlichen Auswüchsen verziert. Die Vorderbeine, mit denen sie ihre Beute fangen, bilden eine Schlingfalle, fast wie die Vorderbeine der räuberischen Gottesanbeterin.

PHYMATA EROSA

BESCHREIBUNG Wie viele andere räuberische Wanzen liegt auch diese Art an Blüten auf der Lauer, um mit ihren kräftigen Vorderbeinen, die im obenstehenden Bild eines kopulierenden Paares deutlich erkennbar sind, unvorsichtige Insekten zu fangen. Diese Wanzen sind gut getarnt und auf den Blüten kaum zu sehen. Nähert sich ein Insekt, reagieren sie blitzschnell. Die europäischen Arten *P. monstrosa* und *P. crassipes* sehen sehr ähnlich aus.

VERBREITUNG In Nordamerika und Mexiko weit verbreitet; viele äußerlich ähnliche Arten.

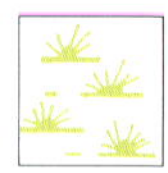

RAUBWANZEN

Familie Reduviidae

Von dieser weltweit verbreiteten, räuberischen Wanzenfamilie sind mehr als 5000 Arten bekannt. Einige saugen Blut und können auch Menschen und Haustiere befallen. Ihre Körperlänge variiert zwischen 8 und 42 mm, die Körperform zwischen kurz und gedrungen sowie lang und nahezu bindfadendünn. Sehr schmaler Kopf mit dreigliedrigem Rüssel.

APIOMERUS FLAVIVENTRIS

BESCHREIBUNG In Nordamerika liegen zahlreiche ähnlich aussehende Arten an Blüten auf der Lauer. Manchmal haben die Wanzen die gleiche Farbe wie die Blüten, aber das scheint beim Beutefang nicht nötig zu sein, wie man hier sieht: Die Wanze hat die Biene auf einer kontrastierenden gelben Blüte gefangen. Reduviiden sind waghalsige Räuber und bereit, große wehrhafte Beutetiere zu jagen. Mit dem Rüssel injizieren sie ein kräftiges, schnellwirkendes Gift – die Wirkung am menschlichen Finger kann schmerzhafter sein als ein Bienen- oder Wespenstich.

VERBREITUNG Westen Nordamerikas und Mexiko; viele äußerlich ähnliche Arten.

PSELLIOPUS ZEBRA

BESCHREIBUNG Wie bei den meisten *Pselliopus*-Arten sind Beine, Fühler und Hinterleib dieser 13 mm langen Wanze schwarz und cremeweiß gebändert. Man trifft die Tiere eher auf Blattwerk sitzend oder wandernd an als auf Blüten. Sie jagen eine Vielzahl kleinerer Insekten und Spinnen. Der im Osten der USA beheimatete *P. cinctus* unterscheidet sich von dieser Art hauptsächlich durch die schlichte rotbraune Oberseite des Halsschilds.

VERBREITUNG Mexiko.

Überfamilie **GERROIDEA**

WASSERLÄUFER, SCHNEIDER *Familie Gerridae*

Man findet die Mitglieder dieser Familie nicht nur an Teichen, Seen und Flüssen, sondern auch auf dem offenen Meer, wo bestimmte Gerriden die einzigen Insekten sind, denen eine Besiedelung dieses Bereiches gelungen ist. Die rund 500 Arten sind über die ganze Welt verstreut. Sie sind in der Mehrzahl flügellos, obwohl geflügelte Formen auftreten, wenn die Art durch Überbevölkerung gezwungen ist, ›zu neuen Ufern‹ aufzubrechen. Gerriden bewegen sich auf ihren langen, schlanken Mittel- und Hinterbeinen mit Leichtigkeit über die Wasseroberfläche. Wie die Füße, so ist auch der Körper mit einem dichten Filz wasserabstoßender Härchen überzogen.

GERRIS LACUSTRIS

Gemeiner Wasserläufer

BESCHREIBUNG Mit 8–10 mm Länge und dem typisch dunklen Aussehen ist diese Art ein durchschnittlicher Vertreter der Gerriden. Wie alle Gerriden kann sie ins Wasser gefallene Beutetiere sowohl mit ihren scharfen Augen als auch über sensorische Härchen an Körper und Beinen ausfindig machen, die auf Wasserbewegungen reagieren. Deshalb flitzen meist mehrere Gerriden auf eine zappelnde langsame Libelle zu. Auch eigene junge Nymphen werden gefressen. Es gibt viele ähnlich aussehende Arten, zum Beispiel den Großen Bachläufer *(Velia caprai)*. Der abgebildete Wasserläufer gleitet über Wasserlinsen.

VERBREITUNG In Europa und im überwiegenden Teil Asiens weit verbreitet.

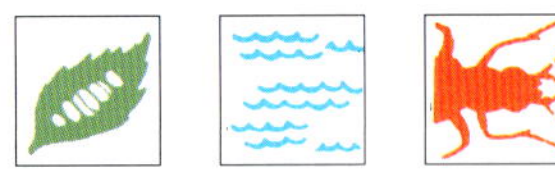

Überfamilie **GELASTOCOROIDEA**

Familie Gelastocoridae

Diese Wanzen haben ein gedrungenes und warziges Äußeres und bewegen sich hüpfend fort. Den stark abgeflachten Vorderkopf überragen zwei große Quellaugen, während die viergliedrigen Fühler normalerweise außerhalb des Gesichtsfeldes unter den Augen getragen werden. Alle etwa 85 Arten, von denen keine länger als 13 mm wird, leben räuberisch.

GELASTOCORIS PERUENSIS

BESCHREIBUNG Wie die meisten Gelastocoriden laufen auch die braunen, warzigen und 8 mm langen Angehörigen dieser Spezies an den See- und Flußufern entlang, wo sie farblich gut mit ihrer Umgebung verschmelzen und wie kleine Kieselsteine aussehen. Die Vorderbeine sind Fangorgane für die Beute, die aus kleineren Insekten besteht. In ganz Nord- und Südamerika findet man zahlreiche ähnlich aussehende Arten, zum Beispiel *G. variegatus* im Westen der USA und in Mexiko oder die in den USA und Mexiko weitverbreitete großäugige *G. oculatus.*

VERBREITUNG An Flußläufen und Seen in den amerikanischen Tropen.

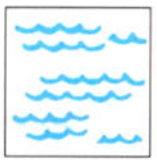

Überfamilie **NOTONECTOIDEA**

RÜCKENSCHWIMMER *Familie Notonectidae*

Rückenschwimmer besitzen kräftige, mit Schwimmhaaren besetzte Hinterbeine. Damit bewegen sie sich, auf dem Rücken liegend, stoßweise durch das Wasser. Sie müssen regelmäßig an die Oberfläche kommen, um ihren Luftvorrat aufzufüllen, der in Blasen zwischen den Flügeln sowie in mit dichten Haarreihen besetzten Luftrinnen auf der Unterseite des Hinterleibs gehalten wird. Weltweit sind mehr als 300 Arten bekannt.

NOTONECTA GLAUCA

Gemeiner Rückenschwimmer

BESCHREIBUNG Die abgebildete Wanze liegt mit dem Rücken auf der Wasseroberfläche, um ihren Luftvorrat aufzufüllen. Um danach wieder abtauchen zu können, muß das Tier kräftig rudern, denn es ist nun leichter als Wasser. Wie alle Wasserwanzen ist sie ein gefräßiger Räuber, der mit seinem schnabelartigen Saugrüssel kleinere Beute wie Seejungfern, Jungfische und Kaulquappen sticht. Ein Stich in den menschlichen Finger kann sehr schmerzhaft sein. In der Regel wird diese Art etwa 13–18 mm lang.

VERBREITUNG Auf der ganzen Welt gibt es viele ähnlich aussehende Arten.

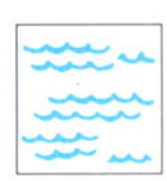

UNTERORDNUNG HOMOPTERA (PFLANZENSAUGER)

Die Pflanzensauger unterscheiden sich durch zwei Kriterien von den Wanzen: Der Saugrüssel kann zur Nahrungsaufnahme nicht nach vorn bewegt werden, und die Flügel werden in Ruhestellung dachförmig über den Körper gelegt. Bekannt sind mehr als 42 500 Arten; viele davon scheiden Honigtau aus.

Überfamilie **FULGOROIDEA**

LATERNENTRÄGER *Familie Fulgoridae*

Zu dieser etwa 750 Arten zählenden Familie gehören einige der auffallendsten Insektenarten der Welt. Dies gilt besonders für den Kopf, der oft eine außergewöhnliche Form hat. Die kleinste Art ist 10 mm lang, während die größte 100 mm und mehr erreichen kann. Ihren größten Variantenreichtum zeigt diese Familie in den Tropen, besonders in den Regenwald-Gebieten.

LATERNARIA LATERNARIA

BESCHREIBUNG Dieser ungewöhnliche Pflanzensauger gehört zu den Riesen seiner Familie. Er erreicht eine Länge von 81 mm und eine Flügelspannweite von 100 mm. Im englischen Sprachraum nennt man ihn aufgrund der starken Verlängerung seines Kopfes, der aussieht wie eine Erdnuß mit Schale, »Erdnuß-Laternenträger«. Der Name Laternenträger, den die gesamte Familie führt, beruht auf der früheren irrtümlichen Annahme, daß der Kopf leuchtet. Diese Art saugt Pflanzensaft an den Stämmen großer Bäume. Wird sie gestört, öffnet sie die Flügel und zeigt irritierende Augenflecken.

VERBREITUNG In weiten Teilen der amerikanischen Tropen und Subtropen.

Familie Flatidae

Die großen, prachtvoll gefärbten tropischen Vertreter dieser Familie ähneln im Flug den Schmetterlingen. Weltweit trifft man über 1000 Arten an, meist in den tropischen und subtropischen Regionen. Die breiten Vorderflügel sind niemals transparent und weisen stumpfe Enden auf. In Ruhestellung werden sie im spitzen Winkel über den Körper gelegt.

PHROMNIA ROSEA

BESCHREIBUNG Erwachsene Tiere und Nymphen bilden große Freßgemeinschaften auf den Zweigen kleiner Bäume. Die etwa 22 mm großen Imagines können entweder leuchtend pink oder grün gefärbt sein, und wenn sie sich massenweise versammeln, bekommen sie bemerkenswerte Ähnlichkeit mit einer leuchtend gefärbten Blütenrispe. Die weißen Nymphen haben lange, wachsweiße ›Schwänze‹, ein unverkennbares und häufig vorkommendes Phänomen dieser Familie.

VERBREITUNG In den afrikanischen Tropen und auf der Insel Madagaskar.

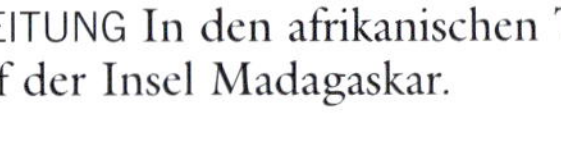

Falsche Laternenträger

Familie Dictyopharidae

Diese Familie umfaßt weltweit etwa 500–600 Arten meist grüner oder brauner Insekten. Der Kopf ist vorne lang und konisch zu einer Art Schnauze ausgezogen, auch Cephalisches Horn genannt. Er erinnert stark an die Kopfform einiger kleinerer Laternenträger, daher der Name Falsche Laternenträger. Die meisten Arten saugen an Gräsern.

Epiptera europaea

Europäischer Laternenträger

BESCHREIBUNG Das leuchtend grüne, etwa 10 mm lange Insekt ist auf einer Vielzahl krautiger Pflanzen zu finden, besonders an Umbelliferen (Doldenblütler, Möhren- und Petersiliengewächse). Erwachsene Tiere treten von Ende Juni bis in den Oktober hinein und oft einzeln auf; leicht erkennbar am komplexen Adernetz in den transparenten Vorderflügelspitzen. In Asien kann diese Art in Melonenplantagen zum Problem werden. Der Volksname ist irreführend, da diese Art nicht zur Familie der Laternenträger gehört.

VERBREITUNG Europa bis Zentralasien; fehlt auf den Britischen Inseln.

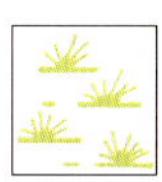

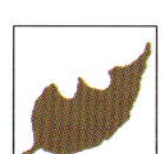

Überfamilie **CERCOPOIDEA**

SCHAUMZIKADEN *Familie Cercopidae*

Die über 2500 Arten sind meist braun, sprungfähig und von froschartigem Aussehen. Die Vorderflügel sind länger als der Körper, die Hinterschienen (im Querschnitt) rund. Sie leben überwiegend in den wärmeren Regionen und ernähren sich von Pflanzensäften.

CERCOPIS VULNERATA

Blutzikade

BESCHREIBUNG Einer der wenigen farbenfrohen Vertreter dieser Familie. Die 10 mm langen auffälligen Imagines sitzen von Ende April bis Juni auf Gräsern und Büschen. Die Nymphen bilden Freßgemeinschaften an Graswurzeln, umgeben von einem klebrigen Schaumballen. In Europa leben viele ähnliche Arten.

VERBREITUNG In Europa weit verbreitet.

PHILAENUS SPUMARIUS

Wiesenschaumzikade

BESCHREIBUNG Aus dem Hinterleib saugender Nymphen tritt Pflanzensaft aus, der in Form von Schaum ihren zarten weichen Körper bedeckt. Das gut 6 mm lange erwachsene Tier kommt in zahlreichen Braun-, Schwarz- und Grauvarianten vor.

VERBREITUNG In Asien und Europa weit verbreitet; auch in den westlichen und östlichen Randzonen Nordamerikas.

Überfamilie **CICADOIDEA**

SINGZIKADEN *Familie Cicadidae*

In den wärmeren Regionen der Erde sind Singzikaden die Homopteren, die am deutlichsten wahrgenommen werden, da die balzenden Männchen beträchtlichen Lärm verursachen. Dokumentiert sind um die 2250 Arten, deren Größe von knapp 10 mm bis über 100 mm schwankt. Der breite, plumpe Kopf ist ebenso kennzeichnend wie die großen, meist transparenten Flügel. Die meisten Arten sind braun, grau, grün oder schwärzlich gefärbt, doch einige tropische Vertreter tragen auch leuchtende Farben.

TIBICEN CANICULARIS

BESCHREIBUNG Dieser 25–29 mm große Nadelwald- und Mischwaldbewohner fliegt zwischen Spätsommer und Frühherbst. Die Nymphen leben drei Jahre unterirdisch und saugen an Kiefernwurzeln, bevor sie geschlechtsreif werden. Die ausgewachsenen Tiere schlüpfen alle gleichzeitig, so daß Bäume und Büsche stellenweise geradezu von ihnen eingehüllt werden. Die Männchen ›singen‹, indem sie seitliche Schallmembranen mit Hilfe von Luftsäcken im Körperinneren in schneller Abfolge ein- und ausklicken und dabei ein Geräusch erzeugen, das an eine Kreissäge erinnert.

VERBREITUNG Nordosten der USA und angrenzende Regionen Kanadas.

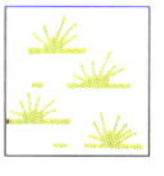

Überfamilie **CICADELLOIDEA**

ZWERGZIKADEN *Familie Cicadellidae*

Mit weltweit über 20 000 Arten ist diese Familie die bei weitem größte Hemiptera-Familie überhaupt. Ihre Mitglieder haben einen schlanken Körperbau, der sich hinten deutlich verjüngt. Die meisten Arten messen von Kopf bis Flügelspitze weniger als 19 mm, und selbst die tropischen Arten werden kaum größer als 22 mm. Charakteristisch sind die im Querschnitt rechteckigen, ziemlich abgeflachten Hinterschienen, die mit Dornenreihen geschmückt sind. Zwergzikaden saugen Pflanzensäfte.

CICADELLA VIRIDIS

BESCHREIBUNG Die erwachsenen Tiere tragen meist Braun-, Grün- oder Gelbschattierungen, die Männchen allerdings oft einen ausgeprägten Blauton. Die Weibchen können 9 mm lang werden, die Männchen nur gut 7 mm. Von Juli bis September treten sie in Sumpfgebieten auf, wo sie ihre Eier an den Blättern und Stengeln von Binsen ablegen. Die »Vampirzikade« (*Draeculacephala* sp.), die man in ganz Nordamerika findet, hat einen längeren und spitzeren Kopf, ist aber ansonsten ähnlich. Auch die etwas größere *Graphocephala coccinea* aus dem Westen der USA ist ähnlich, zeigt jedoch rote Längsstreifen.

VERBREITUNG In Europa weit verbreitet.

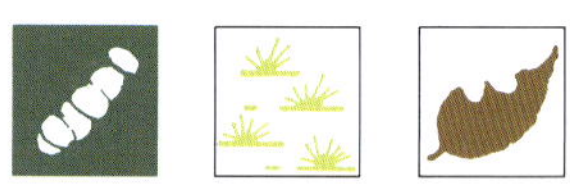

Überfamilie **MEMBRACOIDEA**

BUCKELZIKADEN *Familie Membracidae*

Eine große, weltweit verbreitete Familie mit an die 2500 Arten. Die meist kleinen Insekten erreichen eine maximale Körperlänge von 19 mm. Zahlreiche Arten bilden als Imago und als Nymphe auffällig große Gemeinschaften. Ihr markantestes Erkennungsmerkmal ist der erheblich verlängerte Halsschild, der bei einigen tropischen Gattungen komplexe und bizarre Formen annehmen kann.

CYPHONIA CLAVATA

BESCHREIBUNG Diese 8 mm große Zikade gehört zu der Vielzahl amerikanischer Tropenbewohner, die einen deutlichen Pronotumschmuck aufweisen, der als Mimikry einer Ameise mit geöffneten Beißzangen interpretiert wird. Da sich nur wenige Räuber von Ameisen ernähren, wäre dies ein verläßlicher Schutz. Die transparenten Fühler lassen den grünen Körper völlig mit dem Blatt verschmelzen, was das ameisenartige Aussehen noch verstärkt. Erwachsene Tiere dieser Art kommen einzeln im Unterholz der Waldränder vor.

VERBREITUNG Amerikanische Tropen.

UMBONIA CRASSICORNIS

BESCHREIBUNG Von den beiden am untern Rand des Zweiges sitzenden Insekten ist das kleinere mit der dunklen Verlängerung des Halsschilds ein *Umbonia crassicornis*. Ihm gegenüber, mit kleinerem »Dorn«, sitzt ein Imago der Art *Umbonia spinosa*. Beide ahmen nicht im eigentlichen Sinne Dornen nach und leben in den seltensten Fällen auf Dornbüschen. Die langen »Dornen« erschweren das Verschlucken dieser übelschmeckenden Tiere und verschaffen ihnen so Zeit, Erbrechen auszulösen, bevor sie ernsthaft zu Schaden kommen. Beide tragen Warnfarben.

VERBREITUNG In den amerikanischen Tropen und Subtropen weit verbreitet.

Überfamilie **APHIDOIDEA**

RÖHRENLÄUSE *Familie Aphididae*

Die größten Exemplare dieser mehr als 4000 Arten umfassenden Familie erreichen eine Körperlänge von 7 mm, die kleinsten nur gut 1 mm. Das wichtigste körperliche Unterscheidungsmerkmal sind zwei röhrenartige Hörnchen oder Siphone am fünften oder sechsten Hinterleibssegment. Diese Siphone produzieren Verteidigungssekrete, die Feinde, zum Beispiel Schlupfwespen, unschädlich machen. Viele Arten wechseln von Generation zu Generation zwischen verschiedenen Wirtspflanzen.

MACROSIPHUM ALBIFRONS

Große Lupinenblattlaus

BESCHREIBUNG Diese Art bleibt ausschließlich an verschiedenen Lupinenarten und wechselt die Wirtspflanze nicht. Die graugrüne, wie mehlbestäubt aussehende Laus kann auf Lupinenfeldern zur ernsthaften Plage werden; besonders in Europa, wo sie erst kürzlich eingeschleppt wurde. Das dicke Weibchen rechts oben im Bild gebiert gerade lebende Junge, die durch Jungfernzeugung (Parthogenese) entstanden sind – bei Läusen die normale Fortpflanzungsart im Sommer. Im Herbst paaren sich die Läuse und legen Eier.

VERBREITUNG Weltweit, wo Lupinen wachsen oder angebaut werden.

Überfamilie **COCCOIDEA**

SCHMIERLÄUSE, WOLLÄUSE *Familie Pseudococcidae*

Viele der weltweit mehr als 1000 Arten richten beträchtliche Schäden an Kulturpflanzen an. Sie sind mit chemischen Mitteln nur schwer einzudämmen, da viele von ihnen einen wachsartigen Überzug besitzen, der einen guten Schutz gegen chemische Gifte bietet. Ihre Körperlänge beträgt generell weniger als 5 mm. Bei vielen Arten sind Männchen unbekannt; die Fortpflanzung erfolgt ungeschlechtlich (parthogenisch).

PSEUDOCOCCUS AFFINIS

BESCHREIBUNG Dieser weltweit verbreitete Schädling an Gewächshauspflanzen zeigt das wachsweiße Aussehen, das so typisch für diese Gruppe ist. Wie bei allen Schmierläusen ist das Weibchen flügellos, kann jedoch recht weite Strecken laufen, um neue Pflanzen zu besiedeln. Der Eibeutel ist mit vielen weißen Wachsfäden überzogen und liegt auf dem Körper der Weibchen.

VERBREITUNG Weltweit in Gewächshäusern.

KÄFER

Ordnung Coleoptera

Mit weit über 300 000 bekannten Arten ist dies die größte Insektenordnung. Die Vorderflügel sind zu harten, hornigen Flügeldecken (Elytren) umgebildet, die meistens den gesamten Hinterleib verbergen. Die häutigen Hinterflügel – sofern vorhanden – werden in Ruhestellung unter die Elytren gefaltet. Die Mundwerkzeuge sind meist beißend, seltener saugend-stechend.

Überfamilie **CARABOIDEA**

LAUFKÄFER *Familie Carabidae*

Die Mitglieder dieser weltweit riesigen Familie sind am Boden gewöhnlich flinke und geschickte Läufer. Sie jagen die verschiedensten Beutetiere, wobei sich einige Arten auf bestimmte Typen spezialisiert haben. Laufkäfer besitzen kräftige Beißzangen und schlanke, in der Regel elfgliedrige Fühler. Manche Arten werden bis zu 80 mm groß.

CARABUS VIOLACEUS

Goldleiste

BESCHREIBUNG Nur bei bestimmtem Lichteinfall ist der violette Schimmer auf den Flügeldecken dieses weitverbreiteten Käfers zu sehen, der 22–35 mm groß wird. Unter anderem durch diese sehr feingekörnten, glänzenden Elytren kann man ihn von ähnlichen Arten unterscheiden, die Rillen oder grobgekörnte Reihen aufweisen. Diese Art ist in vielen Lebensräumen zu finden, auch in Gärten. Allerdings sieht man ihre Vertreter selten tagsüber, da sie erst nachts aus ihrem Versteck kommen, um Schnecken und andere Beute zu jagen.

VERBREITUNG Tritt im größten Teil Europas häufig auf; östlich davon bis nach Sibirien und Japan.

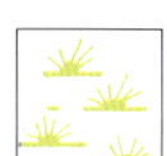

CICINDELA SEDECIMPUNCTATA

BESCHREIBUNG Diese 13 mm lange Art gehört zu der Gruppe von Sandlaufkäfern, deren Individuen sich durch die wechselnde Anzahl von Punkten unterscheiden. Sandlaufkäfer werden an warmen, sonnigen Tagen aktiv und laufen dann auf ihren langen Beinen flink über den nackten Boden. Mit ihren kraftvollen, gebogenen Beißzangen reißen sie ihre Beute buchstäblich in Stücke.

VERBREITUNG Südwesten der USA.

CICINDELA SEXGUTTATA

BESCHREIBUNG Körper, Fühler und Beine dieses 13 mm langen Käfers schillern in bläulichem Grün. Die Anzahl weißer Punkte variiert, oft sind nur drei oder vier vorhanden, manchmal gar keine. Er gehört zu den wenigen Waldbewohnern unter den Sandlaufkäfern; im Wald trifft man ihn auf Wegen oder Lichtungen an.

VERBREITUNG Osten der USA und angrenzende Gebiete von Neuschottland.

CICINDELA LANGI

BESCHREIBUNG Dieser 19 mm lange Käfer ist einer von rund 90 amerikanischen Vertretern der Gattung. Die meisten dieser Arten, auch diesen hier, findet man im Westen, da sie typische Bewohner flacher, sandiger Wüstenbereiche sind. Sandlaufkäferlarven haben riesige Köpfe, mit denen sie ihre senkrechten Schlupflöcher verschließen. Kommt ein Insekt der wartenden Larve zu nahe, wird es geschnappt.

VERBREITUNG Südwesten der USA.

Überfamilie **STAPHYLINOIDEA**

AASKÄFER *Familie Silphidae*

Diese über 2000 Arten umfassende Käferfamilie ist weit verbreitet, besonders in den gemäßigten Zonen der nördlichen Hemisphäre. Charakteristisch sind die keulenförmigen oder knopfförmig verdickten Fühlerspitzen; der hintere Teil des Abdomens liegt frei. Nicht alle Arten sind Aasfresser, manche sind Räuber, wieder andere leben von Pflanzenresten oder Pilzen.

NECROPHORUS VESPILLO

Gemeiner Totengräber

BESCHREIBUNG Einer der vielen ähnlich aussehenden Totengräber mit roten Bändern auf den schwarzen Flügeldecken. Das letzte Fühlersegment ist rotbraun gefärbt (beim sehr ähnlichen *N. vespilloides* ist es schwarz), der Körper ist 13–22 mm lang. Alle Mitglieder dieser Gattung betreiben Brutpflege, indem sie kleine Kadaver als Futtervorrat für die Aufzucht ihrer Larven eingraben. Männchen und Weibchen arbeiten bei dieser häuslichen Aufgabe oft zusammen und kommunizieren durch Zirplaute mit ihrer Brut.

VERBREITUNG Gemäßigte Regionen Europas und Asiens; auch in Nordamerika weit verbreitet.

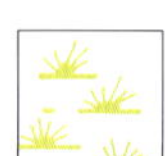

KURZFLÜGLER

Familie Staphylinidae

Die weltweit über 20 000 bekannten Arten sind gewöhnlich an ihren ausgesprochen kurzen Elytren leicht zu erkennen, die meist viel kürzer sind als der Körper (gilt allerdings auch für einige nicht verwandte Arten). Manche Arten haben jedoch recht lange Flügeldecken. Die meisten Kurzflügler sind Räuber.

ONTHOLESTES TESSELLATUS

Gewürfelter Raubkäfer

BESCHREIBUNG Der Körper dieses 13 bis 19 mm großen Käfers ist kräftig mit kurzen goldfarbenen Härchen bedeckt. Sie erzeugen das changierende Farbspiel, wenn sich der Käfer in seiner charakteristisch ruckartigen Manier fortbewegt. Oft findet man ihn massenweise an frischem Dung oder Aas, wo er seine Eier ablegt. Dieser Art sehr ähnlich ist der in ganz Nordamerika verbreitete *Ontholestes cingulatus.*

VERBREITUNG Von ganz Europa bis nach Asien hinein weit verbreitet.

Überfamilie **CANTHAROIDEA**

ROTDECKENKÄFER *Familie Lycidae*

Lyciden haben einen flachen Körper mit einem sehr schmalen, schnabelartigen Kopf und kräftigen, mehrgliedrigen Fühlern. Die vergleichsweise weichen Flügeldecken sind meist rot. Bei manchen Arten sind die Mundwerkzeuge zu einem Proboscis (Saugrüssel) umgebildet. Die Larven leben meist in modrigem Holz, wo sie andere Insekten jagen. Sie sind weltweit verbreitet, bevorzugen jedoch die wärmeren Regionen.

LYCUS ARIZONICUS

BESCHREIBUNG Die abgebildete Art ist 13 mm lang und hat große Ähnlichkeit mit anderen, in vielen Teilen der Welt anzutreffenden Vertretern dieser Gattung. Alle Lyciden setzen eklige Verteidigungsflüssigkeiten frei. Käfer aus anderen Familien und auch einige Motten betreiben daher Rotdeckenkäfer-Mimikry. Es ist deshalb wichtig, Käfer, die man für dieser Gruppe zugehörig hält, genauer zu inspizieren. Europäischen Rotdeckenkäfern fehlt das dunkle Flügelband; der bekannteste unter ihnen ist der Scharlachrote Netzkäfer *(Dictyoptera aurora)*.

VERBREITUNG Südwesten der USA und Mexiko.

LEUCHTKÄFER, GLÜHWÜRMCHEN

Familie Lampyridae

Die weltweit etwa 2000 Arten findet man besonders in den Tropen. Nach Einbruch der Dunkelheit fliegen die Männchen zu den standortgebundenen, flügellosen und oft larvenähnlichen Weibchen und senden ihnen Lichtzeichen als sexuelle Botschaft zu. Viele Weibchen können auch leuchtende Antworten geben. Das Licht wird chemisch erzeugt.

LAMPYRIS NOCTILUCA

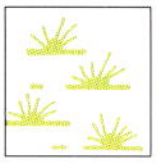

Großer Leuchtkäfer, Glühwürmchen

BESCHREIBUNG Das erwachsene Männchen, ein 13 mm langes, braunes Insekt, leuchtet selbst nicht, sondern fliegt nachts umher auf der Suche nach dem grünlichen Licht, das die braunen, larvenähnlichen Weibchen mit der Unterseite ihres Hinterleibs aussenden. Meist findet man die orange-getupften Larven (siehe Bild), die unter Steinen oder Baumstämmen oder im Gras wandernd anzutreffen sind.

VERBREITUNG Häufig in Mittel- und Südeuropa, einschließlich England.

WEICHKÄFER, SOLDATENKÄFER

Familie Cantharidae

Die Cantharíden sind kleine Käfer mit schmalem Körperbau und relativ weichen Flügeldecken. Letzteren und den leuchtenden Farben einiger Arten, die an militärische Uniformen erinnern, verdanken sie ihren Volksnamen. Erwachsene Tiere leben meist räuberisch auf Blüten, fressen aber auch Nektar und Pollen. Die Larven jagen gewöhnlich am Boden.

CANTHARIS RUSTICA

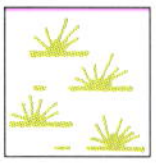

Rotschild-Weichkäfer, Rotschild-Soldat

BESCHREIBUNG Die 9–13 mm große Art ist eine von mehr als 15 ähnlichen Arten in Europa. Man trifft sie im Frühsommer oft auf frischem Blattgrün und bei der Paarung an – ein Prozess, der recht ausgedehnt sein kann. Der in ganz Nordamerika häufige *Podrabus tomentosus* sieht sehr ähnlich aus.

VERBREITUNG In Europa weit verbreitet.

WOLLKÄFER, WARZENKÄFER, ZIERKÄFER, ZIPFELKÄFER

Familie Melyridae

Diese Familie umfaßt die Malachiiden (Warzen-, Zier- und Zipfelkäfer) und Dasytiden (Wollkäfer). Ihre Mitglieder haben wie die Canthariden weiche Flügeldecken, aber einen wesentlich spitzeren Hinterleib. Die Imagos sind oft mit langen Haaren oder Schuppenhärchen bedeckt und auf Blüten zu finden. Die Larven leben meist in modrigem Holz.

MALACHIUS BIPUSTULATUS

Zweifleckiger Warzenkäfer

BESCHREIBUNG Die nur 6–7 mm große Art ist an ihrer geringen Größe in Verbindung mit grünen Flügeldecken leicht zu erkennen. Die Flügelspitzen sind rot gezeichnet. Gewöhnlich trifft man die Warzenkäfer im Mai und Juni auf blühenden Gräsern an, wo sie beträchtliche Zeit damit verbringen, die Pollen abzufressen. Die Männchen weisen auf den Fühlern gelbliche Ausstülpungen auf, Exzitatoren genannt, in die die Weibchen während der Balz hineinbeißen.

VERBREITUNG In weiten Teilen Europas.

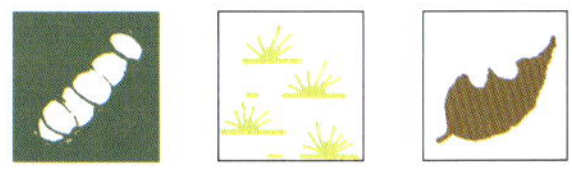

Überfamilie **CUCUJOIDEA**

PLATTKÄFER *Familie Cucujidae*

Die Vertreter dieser Familie sind (von Ausnahmen abgesehen) an ihrer stark abgeflachten und recht langgestreckten Körperform mit parallelrandigen Flügeldecken leicht zu erkennen. Gewöhnlich sieht man sie in schattigen Wäldern über Baumstämme laufen, oder man entdeckt sie unter losen Baumrinden. Die meisten Arten fressen Milben und kleine Insekten, andere dagegen sind Vorratsschädlinge (zum Beispiel Getreide).

HECTARTHRUM GIGAS

BESCHREIBUNG Den 13–19 mm großen Käfer findet man in vielen Wäldern Afrikas auf feuchten, pilzbefallenen Baumstämmen. Von oben sieht man deutlich die Mundwerkzeuge; kennzeichnend sind jedoch die perlschnurartigen Fühler. Der in ganz Nordamerika vorkommende *Cucujus clavipes* unterscheidet sich von dieser Art durch seinen kürzeren, breiteren Halsschild und den durchgehend roten Körper.

VERBREITUNG Ost- und Zentralafrika.

SCHWAMMKÄFER, FAULHOLZKÄFER

Familie Erotylidae

Aufgrund ihrer hochgewölbten, glänzenden Körper kann man die Schwammkäfer leicht mit einigen Blattkäfer-Arten verwechseln. Die Fühler mit Keulen setzen am Vorderkopf oder zwischen den Augen an; die Füße enden als breite, behaarte ›Kissen‹. Erotyliden ernähren sich von Pilzen. Einige tropische Arten verpuppen sich massenweise auf den pilzbefallenen Baumstämmen der Regenwälder. Zumindest eine Art zeigt ausgeprägte Brutpflege.

MEGALODACNE HEROS

BESCHREIBUNG Dieser 13 mm lange Käfer mit leuchtenden Farben kommt gewöhnlich in Laubwäldern vor, wo man die Weibchen bei der Eiablage in pilzbefallene Bäume antreffen kann. Europäische Arten sind mit maximal 7 mm erheblich kleiner. Mit zwei roten Flecken ähnlich gezeichnet, aber von rundlicherer Statur ist der Rotfleckige Faulholzkäfer *(Tritoma bipustulata)*.

VERBREITUNG Waldgebiete im Osten der USA.

STÄUBLINGSKÄFER

Familie Endomychidae

Die Endomychiden sind ausnahmslos kleine Käfer, die den Marienkäfern sehr ähnlich sehen. Sie sind jedoch deutlich flacher und haben viel längere Fühler. Charakteristisch ist auch die Form des Halsschilds, der am Ansatz zwei Längsfurchen aufweist. Larven wie Imagines findet man an Pilzen, moderndem Holz und faulenden Früchten.

ENDOMYCHUS COCCINEUS

Scharlachroter Pilzkäfer

BESCHREIBUNG Der 5–6 mm große Käfer sieht einer kleinen Marienkäferart sehr ähnlich. Auch die Larven sind leuchtend gefärbt und befressen ungeschützt Pilze und verpilztes Holz, kommen jedoch auch unter der Borke vor. Erwachsene Tiere treten von April bis Juni auf. Dieser Art sehr ähnlich ist der nordamerikanische *Endomychus biguttatus*; er hat jedoch einen schwarzen Halsschild.

VERBREITUNG In Europa weit verbreitet.

MARIENKÄFER

Familie Coccinellidae

Vermutlich die bekannteste und beliebteste Käferfamilie. Rund um den Globus leben um die 3400 Arten. Marienkäfer kann man an ihrem gewölbten Körper mit abgeflachter Unterseite, den leuchtenden Farben und Punkten sowie dem kleinen, in den Halsschild eingesenkten Kopf leicht erkennen.

COCCINELLA NOVEMNOTATA

Neunpunkt-Marienkäfer

BESCHREIBUNG Die 7 mm große Art ist an ihren neun schwarzen Punkten auf orangefarbenem Grund leicht zu erkennen; vier auf jeder Flügeldecke und einer auf dem Schildchen. Kopf und Körper sind schwarz und tragen eine gelbliche oder weißliche Randzeichnung. Man findet sie in Wiesen, Gärten, Parks, Feldern und Sumpfgebieten.

VERBREITUNG In ganz Nordamerika, außer im Südwesten.

COCCINELLA SEPTEMPUNCTATA

Siebenpunkt

BESCHREIBUNG Mit 6–8 mm Länge gehört der ›klassische‹ Siebenpunkt zu den größeren europäischen Marienkäfern und ist wohl der bekannteste und häufigste überhaupt. Man kann die sieben schwarzen Punkte auf dem linken der beiden abgebildeten Exemplare leicht zählen. Der kleinere Marienkäfer rechts ist ein Zehnpunkt *(C. decempunctata)*. Beide Käfer tanken Licht und Wärme nach dem Winterschlaf.

VERBREITUNG Ganz Europa; in die USA eingeführt und nun auch in den meisten Staaten im Nordosten häufig.

ADALIA BIPUNCTATA

Zweipunkt

BESCHREIBUNG Bei keiner Marienkäferart ist die Zeichnung so variantenreich wie beim 5 mm großen Zweipunkt. Der Grad der Abweichungen wird anhand der nebenstehenden Abbildung eines Hochzeitspärchens deutlich: Jede mögliche Rot-Schwarz-Kombination kommt vor. Wie die meisten Marienkäfer, ernähren sich Imago und Larve von Blattläusen.

VERBREITUNG Europa; ganz Nordamerika.

HIPPODAMIA CONVERGENS

BESCHREIBUNG Auch diese Marienkäferart zeigt großen Variantenreichtum, besonders hinsichtlich der schwarzen Punkte: Gewöhnlich sind es 13, sechs auf jeder Flügeldecke und einer auf dem Halsschild. Es können auch zwei oder drei sein, oder sie fehlen sogar ganz. Artbestimmend sind die beiden konvergierenden weißen Streifen auf dem Halsschild. Typisch für sie ist ferner, in riesigen Ansammlungen in den Bergwäldern des amerikanischen Westens zu überwintern, wie man hier sieht.

VERBREITUNG Ganz Nordamerika.

FEUERKÄFER, KARDINÄLE

Familie Pyrochroidae

Eine kleine Familie überwiegend rotbrauner, relativ flacher Käfer, die oberflächlich betrachtet den Rotdeckenkäfern (Lycidae) ähneln. Die Fühler sind häufig gesägt oder kammartig geformt. Die Larven entwickeln sich unter Baumrinden, wo sie andere Insekten angreifen.

PYROCHROA SERRATICORNIS

Rotkopf-Feuerkäfer

BESCHREIBUNG Eine der beiden einander ähnlichen, 13–19 mm großen Arten, die in Europa häufig auftreten. Die zweite Art, den Scharlachroten Feuerkäfer *(P. coccinea)*, erkennt man am schwarzen Kopf und an der kräftigeren Rotfärbung. Beide Spezies sind im Mai und Juni häufig an Waldrändern oder schattigen Wegrändern auf Blüten wie Löwenzahn anzutreffen.

VERBREITUNG In Europas weit verbreitet.

SCHEINBOCKKÄFER

Familie Oedemeridae

Eine kleine, weltweit verbreitete Käferfamilie, die man aufgrund ihrer schlanken Statur leicht mit den Weichkäfern verwechseln kann. Bei den Oedemeriden sind die Fühler lang und dünn. Die relativ weichen Flügeldecken sind stark gerippt. Oft laufen sie hinten spitz zu und klaffen dabei über dem Hinterleib auseinander. Die Larven entwickeln sich in morschem Holz und in trockenen Krautstengeln.

OEDEMERA NOBILIS

BESCHREIBUNG Eine der zahlreichen *Oedemera*- und *Oncomera*-Arten, bei denen die Hinterschenkel der Männchen kräftig verdickt sind. Mit 9–10 mm sind sie zudem etwas größer als die schlankbeinigen Weibchen. Erwachsene Tiere, die sehr schnell auffliegen, findet man im Juni und Juli oft in großer Zahl an Blüten.

VERBREITUNG Lokales Auftreten in weiten Teilen Europas.

Überfamilie **CLEROIDEA**

BUNTKÄFER *Familie Cleridae*

Weltweit kommen rund 3000 Arten dieser leuchtend gefärbten, behaarten Käfer vor, davon die meisten in den Tropen. Die Larven leben in der Regel räuberisch; oft jagen sie in Bienen- und Wespennestern, was ihnen auch den Namen »Bienenwölfe« eingetragen hat.

TRICHODES ORNATUS

BESCHREIBUNG Ebensooft wie die hier abgebildete schwarzrote Zeichnung auf den Flügeldecken kommt bei diesem 5–19 mm großen Käfer auch eine schwarzgelbe Farbkombination vor. Die Imagines findet man gewöhnlich auf Blüten, wo sie sowohl Pollen als auch kleinere Insekten fressen. Die Larven leben in Nestern solitärer Bienen und fressen dort die Brut. Dieser Art sehr ähnlich sind europäische Bienenwölfe wie *T. apiarius* und *T. alvearius*, deren Zeichnung ist allerdings blaurot.

VERBREITUNG Ganz Nordamerika.

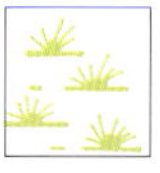
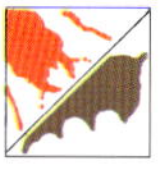

Überfamilie **ELATEROIDEA**

SCHNELLKÄFER, SCHMIEDE *Familie Elateridae*

Die rund 8000 Arten der Schnellkäfer besiedeln große Teile der Landflächen auf der Erde. Ihre Körperlänge variiert von etwa 3 mm bis zu 89 mm bei einigen tropischen Riesen, von denen manche zudem leuchten. Kennzeichnend ist der lange und recht schlanke Körper, der sich nach hinten etwas verjüngt. Einige der großen Tropenarten sind so hart, daß es unmöglich ist, eine Nadel hindurchzustoßen, ohne sie zu verbiegen.

CHALCOLEPIDIUS ZONATUS

BESCHREIBUNG Der große, gut 50 mm lange Schnellkäfer ist gewöhnlich im Wald auf umgefallenen Bäumen zu finden. Die Ränder des Halsschildes tragen zwei breite, weiße Bänder, während die Flügeldecken mit einer Reihe schwarzer und weißer Längsstreifen gezeichnet sind. Der *Chalcolepidius webbii* aus dem Westen Nordamerikas ist dieser Art sehr ähnlich, abgesehen von seinen glänzend schwarzen Flügeldecken, bei denen sich das Weiß auf die Randzeichnung beschränkt.

VERBREITUNG In Südamerika weit verbreitet.

SEMIOTUS AFFINIS

BESCHREIBUNG Einer der vielen großen und auffallend gefärbten Elateriden der Tropen. Oft kann man das 30 mm große Weibchen auf umgefallenen Bäume sehen, auf denen es seine Eier ablegt. Schnellkäfer verdanken ihren Namen einem Schnellapparat auf der Unterseite, der es ihnen ermöglicht, sich bis zu 30 Zentimetern in die Luft zu schleudern, wenn sie sich, auf dem Rücken liegend, totgestellt haben.

VERBREITUNG In den Regenwäldern der amerikanischen Tropen weit verbreitet.

Überfamilie **BUPRESTOIDEA**

PRACHTKÄFER *Familie Buprestidae*

Obwohl es weltweit etwa 15 000 Arten gibt, konzentriert sich die überwiegende Mehrheit, darunter die wirklich großen Exemplare, auf die Tropen. Sie fliegen im prallen Sonnenschein und zeigen ein weites Spektrum metallisch glänzender Farben. Ihre Größe liegt zwischen knapp 3 mm und 76 mm. In der Regel haben sie recht kurze Fühler. Die Larven entwickeln sich gewöhnlich im Holz.

STIGMODERA RUFOLIMBATA

BESCHREIBUNG Diese mit 13 mm relativ kleine Art sieht man im späten Frühjahr oft auf *Melaleuca*- und *Leptospermum*-Blüten. Der patronenförmige Körper mit plumpem Kopf, die zurückgeklappten Fühler und die kaum sichtbaren Beine sind typische Kennzeichen der Familie. Die meisten Mitglieder dieser Gattung tragen Warnfarben und zeigen so ihre bitteren, chemischen Verteidigungswaffen an (Buprestinen).

VERBREITUNG Im offenen Buschland und in den sandigen Ebenen West- und Südaustraliens.

JULODIS HIRSUTA

BESCHREIBUNG Die etwa 26 mm große Art ist einer der vielen großflächig behaarten Vertreter dieser Gattung und kommt in Südafrika vor. Aufgrund der Behaarung fehlt der dieser Familie eigene, metallische Schimmer. Metallische Arten der Gattung findet man von der südafrikanischen Kap-Region und weiter nördlich durch ganz Afrika bis in den Mittleren Osten.

VERBREITUNG Trockengebiete Südafrikas.

Überfamilie **MELOOIDEA**

ÖLKÄFER *Familie Meloidae*

Die meisten Käfer dieser Familie tragen Warnzeichnungen in leuchtenden Farben. Bei Bedrohung können sie aus ihren Gelenken eine übelriechende, giftige Flüssigkeit (Cantharidin) absondern. Die Larven leben parasitär von anderen Insekten. Weltweit kommen mehr als 2300 Arten vor, überwiegend in den wärmeren Zonen.

CYSTEODEMUS ARMATUS

BESCHREIBUNG Die auffälligsten Merkmale dieses Wüstenbewohners sind seine stark gerundete Gestalt und die harten, pockennarbigen Flügeldecken. Der füllige Körperbau ist kein Zufall, denn dieser 10–19 mm große Käfer trägt eine Luftblase zwischen den verwachsenen Elytren und ist somit flugunfähig. Dies scheint seinem Körper etwas Schutz zu bieten, wenn der Käfer in der sengenden Sonne seines ausgedörrten Lebensraums herumläuft. Der durchgängig schwarze *C. wislizeni* ist ähnlich.

VERBREITUNG Die Wüsten im Südwesten der USA.

MYLABRIS OCULATA

BESCHREIBUNG Einer der zahlreichen leuchtend gefärbten Vertreter dieser weitverbreiteten Gattung, die von Südafrika bis Europa und im tropischen Asien vorkommt. Die erwachsenen Tiere dieser knapp 25 mm großen Art können große Schäden in Gärten anrichten, wo sie die Blüten befressen und oft völlig zerstören. Die Larven leben unterirdisch und parasitär an den Kokons von Grashüpfern.

VERBREITUNG Südafrika.

LYTTA MAGISTER

BESCHREIBUNG Die Flügeldecken dieses 19 bis 29 mm großen Käfers sind glänzend und tiefschwarz, Kopf und Halsschild dagegen orangefarben. Erwachsene Tiere befressen oft krautige Wüstenpflanzen und Buschwerk. Der Art ähnelt die amerikanische Spanische Fliege *(L. vulnerata)*, nur daß bei dieser eine breite schwarze Linie von der Kopfmitte über den Halsschild verläuft. Sie ist im Westen der USA weit verbreitet.

VERBREITUNG Arizona.

EPICAUTA BRUNNEA

BESCHREIBUNG Im Juli und August findet man die schlanken, grauen Imagines mit ihrer wie gepudert aussehenden Körperoberfläche an den Blättern oder Blüten in den Wüsten im Südwesten der USA. Nach kräftigen Sommerregen treten die etwa 13 mm großen Tiere in riesigen Mengen auf. Die Larven entwickeln sich in Grashüpfer-Gelegen. Mit über 100 Arten ist dies die größte Ölkäfergattung in den USA.

VERBREITUNG Wüstenregionen im Südwesten der USA.

EUPOMPHA FISSICEPS

BESCHREIBUNG Die metallischgrün leuchtenden Flügeldecken dieses an die 22 mm großen Käfers sind mit kräftigen, narbenähnlichen Vertiefungen und Furchen überzogen. Typisch für die Männchen ist der gescheitelte Kopf. Die Larven entwickeln sich in den Nestern von Wildbienen, die Imagines dagegen fressen Pflanzenteile. Von dieser Gattung gibt es in den USA nur neun Arten.

VERBREITUNG Texas und Mexiko.

NEMOGNATHA LURIDA

BESCHREIBUNG Die 8–13 mm großen Imagines findet man gewöhnlich im Juli und August an Blüten. Im Gegensatz zu den meisten anderen Käfern sind ihre Mundwerkzeuge keine Beißzangen, sondern weitgehend zu einem Nektar-Saugrüssel umgebildet.

VERBREITUNG Westen der USA.

Überfamilie **TENEBRIONOIDEA**

SCHWARZKÄFER, SCHATTENKÄFER *Familie Tenebrionidae*

Eine dunkle Färbung, insbesondere Schwarz, ist die Regel bei dieser großen Familie mit ihren weltweit 17 000 Arten. Die meisten von ihnen sind kleine bis mittelgroße Käfer, die sich tagsüber verkriechen und nachts zum Fressen hervorkommen. Aber es gibt auch die wesentlich größeren und attraktiveren Wüstenbewohner, die bei strahlendem Sonnenschein aktiv werden. Die Larven entwickeln sich in verschiedenen Materialien.

ELEODES LONGICOLLIS

BESCHREIBUNG Diesen großen 19–42 mm langen Schwarzkäfer kann man von April bis September blitzschnell über den Wüstenboden flitzen sehen. Kommt man ihm zu nahe, macht er augenblicklich Kopfstand und richtet sein Hinterteil auf die Gefahrenquelle. In dieser Position kann er Angreifern einen Schwung übler Chemikalien ins Gesicht blasen. In den gesamten Vereinigten Staaten leben mehr als 100 Arten, die eng mit dieser hier verwandt sind.

VERBREITUNG Südwesten der USA und Mexiko.

CTENIOPUS SULPHUREUS

Schwefelkäfer

BESCHREIBUNG Dieser nur 6–9 mm große Käfer gehört zu den Gattungen, die oft zu einer eigenen Familie zusammengefaßt werden, den Alleculidae. Die Larven leben unterirdisch am Wurzelhals von Pflanzen. Im Juli und August sieht man die Imagines oft in großen Mengen an Blüten in trockenen, sandigen Gebieten (z. B. Stranddünen).

VERBREITUNG In Europa weit verbreitet, einschließlich des Südens der Britischen Inseln.

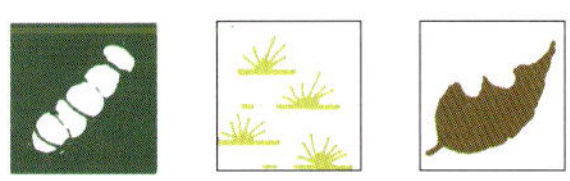

Überfamilie **SCARABAEOIDEA**

BLATTHORNKÄFER, DUNGKÄFER, MAIKÄFER *Familie Scarabaeidae*

Dies ist eine der größten (über 20 000 Arten), variantenreichsten und farbenprächtigsten Käferfamilien weltweit. Charakteristisch für diese Gattung ist, daß die letzten Glieder der Fühler einen beweglichen Fächer bilden; was man besonders bei Maikäfern deutlich erkennen kann. Echte Skarabäen (Pillendreher) sind Mistfresser. Maikäfer und andere Arten dagegen sind Pflanzenfresser und können große Schäden anrichten.

POLYPHYLLA DECIMLINEATA

BESCHREIBUNG Dieser große, 25–32 mm lange Maikäfer ist an seinen Flügeldecken zu erkennen, die jeweils einen kurzen und vier lange Streifen tragen. Auf jeder Seite des Kopfes findet sich eine weiße Zeichnung und drei Streifen auf dem Halsschild. Man findet ihn in waldreichen Gebieten, wo die Larven an Baumwurzeln fressen. Erwachsene Tiere fliegen im Juli und August.

VERBREITUNG Kanadische und amerikanische Rocky Mountains und Südwesten der USA.

POLYPHYLLA FULLO

Türkischer Maikäfer, Walker

BESCHREIBUNG Der größte europäische Maikäfer, mit einer Körperlänge von 25 bis 39 mm, ist schon durch die Größe unverwechselbar, obwohl auch die marmorierte Zeichnung einmalig ist. Die Männchen zirpen laut und besitzen größere Antennen als die Weibchen. Diese Art tritt überwiegend in Kiefernwäldern auf, wo die Imagines an Kiefernnadeln fressen. Die Larven befressen die Wurzeln von Gräsern und Seggen.

VERBREITUNG Lokal in Süd- und Mitteleuropa; nicht auf den Britischen Inseln.

TRICHIUS FASCIATUS

Gebänderter Pinselkäfer

BESCHREIBUNG Einer der ausgefallensten europäischen Maikäfer, der mit seiner gebänderten Zeichnung, wolligem Äußeren und summendem Flug die Mimikry einer Hummel betreibt. Man findet die 8–13 mm großen Imagines gewöhnlich im Juni und Juli an Blüten, besonders von Disteln, und hauptsächlich in Bergregionen.

VERBREITUNG Im größten Teil Europas; auf den Britischen Inseln nur im Norden und Westen.

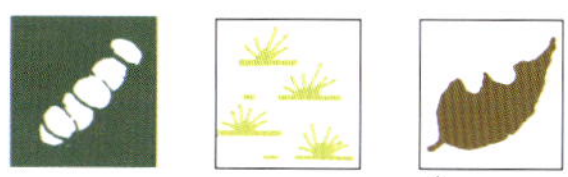

TRICHIOTINUS ASSIMILIS

BESCHREIBUNG Acht Arten dieser Gattung leben in den USA und Kanada. Die erwachsenen Tiere sind etwa 8–13 mm groß und recht behaart. Man findet sie normalerweise auf Blüten, deren Pollen sie befressen. Die Larven entwickeln sich in modrigem Holz.

VERBREITUNG Nordamerika.

Plusiotis gloriosa

BESCHREIBUNG Die eindrucksvollen 25 bis 29 mm großen Käfer fliegen im Juli und August in den Wüstenregionen im Westen der USA. Nachts knallen sie dabei oft lautstark gegen erleuchtete Fenster. Die Imagines befressen Wacholderblätter. Einige mittelamerikanische Vertreter scheinen ganz aus Gold gearbeitet zu sein; man nennt sie im englischen Sprachraum »Goldkäfer«.

VERBREITUNG Von Texas bis Arizona und im Norden von Mexiko.

Cotinis mutabilis

BESCHREIBUNG Die Larven dieses herrlichen Käfers befressen Pflanzenwurzeln, die 25 bis 29 mm großen Imagines dagegen verschiedene reife Früchte. Sie tragen ein seidenmattes metallisches Grün mit einer bräunlichen Randzeichnung auf den Flügeldecken und fallen durch ihren lauten, summenden Flug auf. Die Käfer gehören zur Unterfamilie der Goldkäfer (Cetoniinae).

VERBREITUNG Von Texas bis Arizona und in den Gebieten nahe der Grenze zu Mexiko.

EUPOECILIA AUSTRALASIAE

BESCHREIBUNG Diese schönen, fast 22 mm großen Maikäfer sitzen tagsüber bevorzugt an Eukalyptusblüten, aber auch an anderen Blüten und sogar auf Blättern. Die Käfer fressen an Blütenblättern und Pollen. Die Larven entwickeln sich in vermoderndem Holz. Typisch für Maikäfer sind die hier deutlich sichtbaren Fußklauen.

VERBREITUNG Australien.

MELOLONTHA MELOLONTHA

Maikäfer

BESCHREIBUNG Der schwarze Halsschild und der fehlende bzw. erweiterte Hinterleibsfortsatz unterscheiden diesen 22–30 mm großen Käfer von den ähnlich großen *M. pectoralis* und *M. hippocastani*. Alle anderen europäischen Maikäfer-Arten sind viel kleiner. Maikäfer fliegen hauptsächlich während der Dämmerung, sind aber auch tagsüber an Blättern und Blüten anzutreffen. Die Männchen besitzen größere Fühler als die Weibchen. Die Larven befressen Pflanzenwurzeln und können große Schäden anrichten.

VERBREITUNG Kommt in Europa häufig vor.

Oryctes nasicornis

Nashornkäfer

BESCHREIBUNG Mit einer Körperlänge von rund 30 mm, verbunden mit einer stattlichen Leibesfülle, ist dies einer der imposantesten europäischen Käfer. Er fliegt im Juni und Juli. Das abgebildete Insekt ist ein männliches Tier, zu erkennen am langen Horn auf dem Vorderkopf; beim Weibchen ist das Horn nur ein kurzer Höcker. Die Larven sind überwiegend in alten, modrigen Baumstämmen zu finden.

VERBREITUNG Süd- und Mitteleuropa; fehlt auf den Britischen Inseln.

Golofa pizarro

BESCHREIBUNG Wie bei allen Vertretern dieser Gattung hat auch das abgebildete Männchen extravagante Hörner ausgebildet; eines springt vom Vorderkopf nach vorn, das andere windet sich vom Oberkopf aufwärts. Die Tiere setzen sie als Kombination von Hebeln und Zangen gegen Rivalen im Kampf um ein Weibchen ein. Ihre Größe beträgt gut 51 mm.

VERBREITUNG Mittelamerika.

Canthon humectus

BESCHREIBUNG Seinen englischen Namen »Taumelkäfer« verdankt er der Art, wie sich die erwachsenen Exemplare drehen und wenden, wenn sie emsig eine Dung-›Pille‹ zu einem Nestplatz rollen. Larven wie Imagines ernähren sich von solchen Dungkugeln, die sie geschickt aus großen Dunghaufen formen. Manchmal verwenden sie auch einzelne, ›gebrauchsfertig‹ abgesetzte kleine Kotkugeln, wie dieser abgebildete Käfer. Weibchen und Männchen arbeiten bei Bau und Ausstattung des Nestes zusammen. Das gleiche Verhalten findet man in Afrika, bei den Gattungen *Scarabaeus, Sisyphus* und *Gymnopleurus.*

VERBREITUNG Mexiko; 18 ähnliche Arten in den USA.

Hirschkäfer, Schröter

Familie Lucanidae

Eine der eigenwilligsten Käferfamilien. Sie umfaßt um die 900 Arten mit überwiegend dunkel gefärbten Insekten, deren Männchen über auffällig verlängerte, geweihartige Kiefer verfügen. Zumindest bei einer chilenischen Art sind diese genauso lang wie der Rest des Körpers.

Lucanus cervus

Hirschkäfer

BESCHREIBUNG Die Männchen tragen die typischen ausladenden Kiefer; die der Weibchen sind nur etwa ein Sechstel so groß. Die Männchen verwenden ihre Mundwerkzeuge im Kampf um die Weibchen, indem sie versuchen, den Rivalen von solchen Baumstümpfen zu werfen, die von den Weibchen zur Eiablage aufgesucht werden. Große Männchen werden bis zu 75 mm lang.

VERBREITUNG In weiten Teilen Europas, Bestand abnehmend; lokal in Südengland.

Überfamilie **CHRYSOMELOIDEA**

BOCKKÄFER *Familie Cerambycidae*

Die weltweit 20 000 Arten dieser großen Familie treten am häufigsten in den Tropen auf. Ihr wichtigstes Erkennungsmerkmal sind die langen Fühler, besonders bei den Männchen, deren Ausmaß bei manchen Arten ein mehrfaches der Körperlänge beträgt. Die Larven entwickeln sich gewöhnlich in abgestorbenem Holz.

TYPOCERUS ZEBRA

BESCHREIBUNG Der schlanke 8–13 mm große Bockkäfer ist mit vielen europäischen *Strangalia*-Arten eng verwandt. Wie bei diesen, trifft man die Weibchen bei der Eiablage in Baumstämme, Baumstümpfe, Holzzäune und -pfosten an, obwohl die erwachsenen Tiere am häufigsten an Blüten zu finden sind. Die Larven entwickeln sich in feuchtem, abgestorbenem Holz. Es gibt in Nordamerika 16 *Typocerus*-Arten, und etliche davon unterscheiden sich von dieser Art primär durch das Verhältnis von Gelb und Schwarz in der Zeichnung.

VERBREITUNG Wälder im Osten der USA.

STRANGALIA MACULATA

Gefleckter Schmalbock

BESCHREIBUNG Von mehreren ähnlich aussehenden, 11–22 mm großen europäischen Arten tritt er am häufigsten auf. Das Farbmuster variiert von fast völlig gelb bis fast ganz schwarz. Die schwarzgelben Fühler und Beine unterscheiden den Käfer jedoch zuverlässig von verwandten Arten, die durchgängig schwarze Beine und/oder Fühler haben. Von Juni bis August häufig auf Blüten zu sehen.

VERBREITUNG Im größten Teil Europas.

JUDOLIA CERAMBYCIFORMIS

Gefleckter Blütenbock

BESCHREIBUNG Mit 8–10 mm Größe sieht dieser Käfer wie eine Miniversion des Gefleckten Schmalbocks aus, ist jedoch viel gedrungener, mit breiteren, kürzeren Flügeldecken und einem Körper, der sich nach hinten merklich verjüngt. Von Juni bis August kann man die Imagines zahlreich an Dolden und Korbblütlern antreffen. Man findet in Europa und in weiten Teilen Nordamerikas mehrere ähnliche Arten.

VERBREITUNG In Europa weit, auf den Britischen Inseln nur lokal verbreitet.

OCHROSTHES Z-LITTERA

BESCHREIBUNG Offene, blumenbestandene Fleckchen in den Kiefernwäldern der mexikanischen Hochebene sind der angestammte Lebensraum dieses kleinen, leuchtend gefärbten und attraktiven Bockkäfers. Er ist 10–15 mm lang und trägt ein gelbes Zickzackmuster auf jeder Flügeldecke. Die Beine sind gelb, die Füße dunkel gefärbt.

VERBREITUNG Mexiko.

Clytus arietis

Echter Widderbock

BESCHREIBUNG Der mit Abstand häufigste Vertreter der wespenähnlich gezeichneten Bockkäfer in Europa. Seine Körperlänge beträgt zwischen 7 mm (Männchen) und 14 mm (Weibchen) und liegt damit genau in der typischen Größenordnung von Wespen. Auch die Fühler sind ungewöhnlich und wespenmäßig kurz, der Gang ruckartig. Erwachsene Tiere sieht man von Mai bis Juli an Blüten und auch an Stöcken und abgestorbenem Holz, wo die Weibchen ihre Eier ablegen.

VERBREITUNG Kommt in Europa häufig vor.

Monochamus oregonensis

BESCHREIBUNG Ein 19–22 mm langer Käfer, dessen dunkler Körper mit weißen Flecken übersät ist. Seine relativ langen, weiß geringelten Fühler besitzen etwa Körperlänge. Man findet ihn überwiegend in Nadelwäldern, wo die Larven sich im Holz entwickeln und dort U-förmige Fraßgänge anlegen. Verwandte Arten leben in Nordamerika und in Europa.

VERBREITUNG Westen Nordamerikas.

Cosmosalia chrysocoma

BESCHREIBUNG Eine der rund 200 ähnlich aussehenden Arten mehrerer eng verwandter Gattungen in Nordamerika. Bei allen verjüngt sich der Körper nach hinten. Die Weibchen messen 10–22 mm; die Männchen sind kleiner. In der Regel sind die Flügeldecken braun, die langen Fühler und die Beine schwarz gefärbt. Man findet die Imagines gewöhnlich an Blüten, vorzugsweise von Wildrosen. Der in Europa häufige und weitverbreitete *Stenocorus meridianus* ist in Größe und Färbung sehr ähnlich.

VERBREITUNG Westen Nordamerikas.

Tetraopes femoratus

BESCHREIBUNG Einer von etwa 28 ähnlich aussehenden rot- und schwarzgefärbten Vertretern der Gattung, die an Wolfsmilchgewächse gebunden sind. Die Larven bohren Stengel und Wurzeln an, die Imagines befressen die Blätter. Ihre Augen sind merkwürdig zweigeteilt, denn der obere und untere Abschnitt stehen weit auseinander und erzeugen so eher den Eindruck von vier Augen als von zweien. Ihre Fühler sind weiß geringelt und stehen fast waagerecht vom Kopf ab.

VERBREITUNG Die Gattung ist in ganz Nordamerika zu finden.

Sternotomis variabilis

BESCHREIBUNG In den afrikanischen Tropenwäldern sind mehrere ähnlich gefleckte grüne Bockkäfer zu Hause. Diese gut 25 mm große Art kommt besonders häufig vor und ist gewöhnlich auf den Stämmen umgefallener Waldbäume zu finden. Dieses Weibchen beißt gerade ein Loch in die Borke, bevor es sich umdreht und dort ein Ei hineinlegt; ein gängiges Verhalten bei Bockkäfern.

VERBREITUNG Im tropischen Afrika weit verbreitet.

Tragocephala variegata

BESCHREIBUNG Die herrlich schwarzgelbrote Färbung dieses auffälligen Bockkäfers ist mit geringen Abstrichen an der Brillanz auch bei vielen anderen Vertretern dieser Gattung zu finden, die im tropischen Afrika und in Madagaskar heimisch ist. Diese Art mißt gut 25 mm und lebt in tropischen Wäldern.

VERBREITUNG Südafrika.

Oberea oculata

Rothalsiger Weidenbock, Linienbock

BESCHREIBUNG Diese 15–21 mm großen Käfer mit ihrer schlanken Gestalt sind nur schlecht zu sehen, wenn sie sich im Juli und August auf ihren Wirtspflanzen, den Weiden, niederlassen. Ihre Larven entwickeln sich im Inneren der Zweige.

VERBREITUNG Europa.

Blattkäfer

Familie Chrysomelidae

Mit weltweit über 25 000 Arten eine der größten Familien. Die Imagines haben einen kastenförmigen, gedrungenen Körper, der oft gewölbt oder schildartig abgeflacht ist. Fast alle bekannten Arten sind Blattfresser. Ihre weichen Larven erinnern an Wegschnecken.

Crioceris asparagi

Spargelhähnchen

BESCHREIBUNG Die Imagines und die Larven dieses 5 mm großen Käfers befressen Spargelfelder, wo sie bei massenhaftem Auftreten schwere Schäden anrichten. Die schwarzen Flügeldecken tragen vier weiße Flecken und einen roten Rand. In Europa gibt es verschiedene ähnliche Arten; bei allen Arten variiert die Zeichnung. Die Imagines können recht laute Zirpgeräusche von sich geben (»Hähnchen«).

VERBREITUNG In Europa (einschließlich England) und in Nordasien weit verbreitet; nach Nordamerika eingeschleppt.

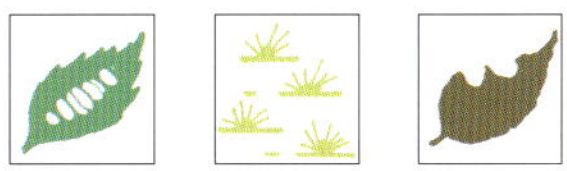

Leptinotarsa decemlineata

Kartoffelkäfer

BESCHREIBUNG Obwohl man ihn in seiner angestammten Heimat im Nordwesten der USA und in Mexiko noch immer harmlos an wilden Nachtschattengewächsen fressen sehen kann, wurde der auffällig gezeichnete 16 mm große Käfer in weiten Teilen der nördlichen Hemisphäre zu einem bedeutenden Kulturschädling an Kartoffeln.

VERBREITUNG Breitet sich in vielen Ländern der nördlichen Hemisphäre aus.

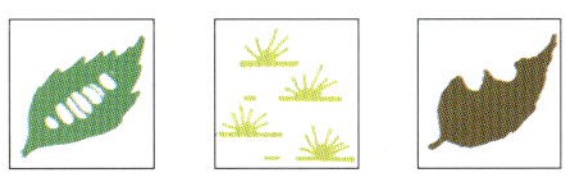

Doryphora testudo

BESCHREIBUNG Mit etwa 19 mm ist diese auffällige Art größer als jeder europäische Blattkäfer. Oft trifft man sie massenhaft im Unterholz an, dort wo Straßen durch den Regenwald führen. Die strahlend schwarz-gelbe Warnzeichnung verweist auf die extrem giftigen Eigenschaften. Es gibt mehrere ähnlich aussehende Arten.

VERBREITUNG Weite Teile Mittelamerikas und des tropischen Südamerikas.

Chrysomela populi

Pappel-Blattkäfer

BESCHREIBUNG Pappeln und Weiden sind die Wirtspflanzen dieses hübschen, 13 mm großen Käfers, der in seinem Verbreitungsgebiet (zum Beispeil an Stranddünen) oft extrem häufig auftritt. Bei Störung scheidet er ein nach Karbolsäure riechendes Verteidigungssekret aus. Auch einige ähnlich aussehende Arten der Gattung sind dazu fähig.

VERBREITUNG Von ganz Europa über Asien bis nach Japan.

DIABROTICA sp.

BESCHREIBUNG Bei der Gattung *Diabrotica* handelt es sich um recht kleine Insekten, die bei einer Störung in die Luft springen. Dieser 5 mm große Tropenbewohner fand Aufnahme in dieses Buch, weil er die für die Gattung typischen verlängerten Hinterschenkel deutlich zeigt. Viele Arten verursachen schwere Schäden an Kulturpflanzen, zum Beispiel der *D. undecimpunctata*, dessen gelber Körper mit sieben schwarzen Punkten auf den Flügeldecken verziert ist. Er schädigt etliche Nutzpflanzen in Nordamerika.

VERBREITUNG Die abgebildete Art stammt aus den amerikanischen Tropen.

CASSIDA VIRIDIS

Grüner Schildkäfer

BESCHREIBUNG Bei den Schildkäfern (Unterfamilie Cassidinae) sind Halsschild und Flügeldecken so verbreitert, daß sie einen abgeflachten, schildkrötenähnlichen Panzer bilden, unter den das Tier Beine, Kopf und Fühler einziehen kann. Die 13 mm große Art lebt an Minze und anderen Lippenblütlern und ist oft in Gärten anzutreffen. Es gibt zahlreiche ähnliche Arten.

VERBREITUNG Im nördlichen Europa, einschließlich der Britischen Inseln, und ostwärts bis nach Japan.

METRIONA CLAVATA

BESCHREIBUNG Dieser 8 mm große Käfer sieht auf dem Blatt aus wie eine Galle oder ein Schmutzfleck. Die Ränder von Halsschild und Flügeldecken sind mehr oder weniger transparent. Gewöhnlich findet man ihn auf Windengewächsen. Schildkäferlarven sind stachlige Geschöpfe, die sich ein Schutzschild aus ihren abgelegten Häuten und den eigenen Exkrementen über den Rücken halten.

VERBREITUNG Im Osten Nordamerikas und in den meisten Teilen Mexikos.

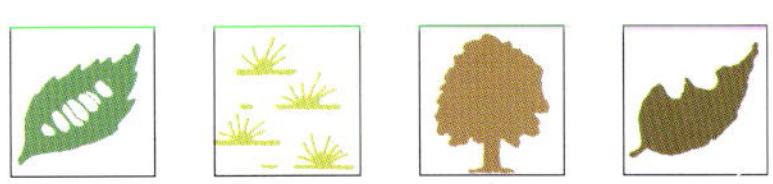

Überfamilie **CURCULIONOIDEA**

Familie Brentidae

Die Mitglieder dieser 2000 Arten umfassenden Familie gehören zum Bizarrsten der Insektenwelt. Der Kopf ist extrem ausgezogen, so daß er fast dieselbe Länge aufweist wie der ebenfalls verlängerte Körper. Oft sind die Fühler perlförmig. Die meisten Arten bewohnen die Tropen, besonders die Regenwaldgebiete.

BRENTUS ANCHORAGO

BESCHREIBUNG Diese ungewöhnliche Kreatur kann man oft in beachtlicher Anzahl hinter der abblätternden Borke toter oder sterbender Bäume finden. Dieser hier ist ein Männchen; die Weibchen sind erheblich kleiner, außerdem fehlt ihnen die langgezogene Kopfform. Manche Männchen sind jedoch ebenso klein wie die Weibchen. Lange Männchen setzen ihre Schnauzen zur Verteidigung ein.

VERBREITUNG In den meisten Tropengebieten Nord- und Südamerikas; auch in Florida.

RÜSSELKÄFER

Familie Curculionidae

Die größte aller Insektenfamilien mit über 40 000 bekannten Arten. Im Normalfall ist der Kopf zu einem Rüssel verlängert, an dessen Ende die Kiefer sitzen, während die Fühler etwa in der Mitte seitlich ansetzen. Viele Arten sind flügellos; die Flügeldecken sind dann in der Mitte verwachsen. Die meisten Arten sind Pflanzenfresser.

PHYLLOBIUS ARGENTATUS

Silbriggrüner Laubholzrüßler

BESCHREIBUNG Der Körper dieser etwa 3 bis 6 mm großen Rüßler ist mit metallisch glänzenden, grünlichen Schuppen bedeckt, die bei älteren Exemplaren weitgehend abgescheuert sind. Im Mai und Juni findet man sie massenhaft an Laubbäumen. Es gibt zahlreiche ähnlich aussehende Arten.

VERBREITUNG Europa und große Teile Asiens.

APODERUS CORYLI

Haselblattroller

BESCHREIBUNG Die 6–8 mm großen Rüßler der Unterfamilie Attelabinae mit dem rundlichen Körper und den kurzen Fühlern sieht man von Mai bis in den September an Haselblättern sitzen. Die Weibchen verbringen viele Stunden damit, Hasel- oder Birkenblätter aufzurollen, um ihren Larven Nahrung und Unterschlupf zu bieten. Ein enger Verwandter ist der Eichenblattroller *(Attelabus nitens)*; dieser besitzt jedoch einen breiteren Halsschild und durchgehend schwarze Beine.

VERBREITUNG In Europa weit verbreitet.

CURCULIO NUCUM

Haselnußbohrer

BESCHREIBUNG Die Körperlänge dieser Käfer umfaßt mit 6–8 mm auch den deutlich ausgezogenen Rüssel. Man findet sie im Juli und August an Haselbäumen, in dessen Nüssen sich die Larven entwickeln. Die Weibchen nagen die Nuß mit ihrem langen Rüssel auf, bevor sie ein Ei hineinlegen. Sehr ähnlich sind der europäische Eichelbohrer *(C. glandium)* und einige nordamerikanische Arten mit erheblich längeren Rüsseln (bei der Art *C. proboscideus* ist der Rüssel sogar länger als der Körper).

VERBREITUNG Europa und große Teile Asiens.

CHRYSOLOPUS SPECTABILIS

BESCHREIBUNG Diese 13 mm langen und in der Regel schwarzen Rüßler ziert eine Zeichnung aus grün oder bläulich schillernden Schuppen. Erwachsene Tiere findet man gewöhnlich auf den Blättern der Akazienbäume in Trockenwäldern. Die Larven befressen Wurzeln und Stämme der Akazien, wodurch junge Bäume bisweilen absterben.

VERBREITUNG Australien.

OTIORHYNCHUS SULCATUS

Gefurchter Dickmaulrüßler

BESCHREIBUNG Die Larven dieses recht unscheinbaren Rüßlers entwickeln sich an den Wurzeln vieler Gewächshauspflanzen und können an Jungpflanzen verheerende Zerstörungen anrichten, wobei die Topfpflanzen besonders anfällig sind. Im Freien sieht man die Käfer fast nie, entdeckt sie aber häufig bei ihren Wanderungen auf Fensterbänken in der Wohnung.

VERBREITUNG Nahezu weltweit.

Talanthium phalangium

BESCHREIBUNG Die lang- und stelzenbeinigen Rüsselkäfer der Unterfamilie Zygopinae gehören zu den seltsamsten Vertretern der Familie. Sie laufen im Wald auf Baumstämmen herum. Die wesentlich größeren Männchen stellen sich bei der Eiablage über die Weibchen, um so Rivalen abzuwehren. Diese Art betreibt Weberknecht-Mimikry (Phalangiden).

VERBREITUNG Südostasien.

Breitrüssler

Familie Anthribidae

Charakteristisches Merkmal dieser Familie ist die Form des Kopfes, der zu einem kurzen, breiten und recht stumpf auslaufenden, rüsselartigen Gebilde ausgezogen ist. Manche Arten sind Vorratsschädlinge (besonders Kaffee); die meisten entwickeln sich in morschem Holz. Weltweit findet man um die 2000 Arten.

Mecocerus rhombeus

BESCHREIBUNG Die meisten Breitrüßler tragen gewöhnlich triste Braun- und Grautöne. Daher bildet diese afrikanische Gattung mit ihrer blaßgelben Zeichnung eine Ausnahme. Wie viele Breitrüßler verbringt sie ihr Leben auf Baumstämmen, in die sie auch ihre Eier ablegt. Achten Sie auf den breiten Rüssel, der bei dieser Art ein Paar langer, schlanker Fühler trägt.

VERBREITUNG Afrikanische Tropen.

Register

Aaskäfer 46
Acanthocephala terminalis 26
Acanthosoma haemorrhoidale 18
Adalia bipunctata 53
Apiomerus flaviventris 31
Apoderus coryli 77
Arhape cicindeloides 24
Arthropoda 12

Baumwanze 8, 11, 12, 18–20
Birkenwanze 18
Blatthornkäfer 12, 62–67
Blattkäfer 73–75
Bockkäfer 68–72
Bodenwanze 21–22
Breitrüßler 79
Brentidae 76
Brentus anchorago 76
Buckelzikade 41
Buntkäfer 55

Calocoris stysi 29
Cantharis rustica 49
Canthon humectus 67
Carabus violaceus 44
Cassida viridis 75
Cercopis vulnerata 38
Chalcolepidius zonatus 56
Chrysolopus spectabilis 78
Chrysomela populi 74
Cicadella viridis 40
Cicindela sp. 45
Clytus arietis 70
Coccinella sp. 9, 10, 52
Corizus hyoscyami 28
Cosmosalia chrysocoma 71
Cotinis mutabilis 64
Crioceris asparagi 73
Cteniopus sulphureus 61
Curculio nucum 77
Cyphonia clavata 41
Cysteodemus armatus 58

Diabrotica sp. 75
Dolichonabis limbatus 15
Doryphora testudo 74
Dungkäfer 62–67
Dysdercus sp. 23
Dysodius lunatus 15

Edessa sp. 8
Elasmucha grisea 18
Eleodes longicollis 61
Endomychus coccineus 51
Entwicklung 7–8
Epicauta brunnea 59
Epiptera europaea 12, 37
Eupoecilia australasiae 65
Eupompha fissiceps 60

Falscher Laternenträger 12, 37
Faulholzkäfer 51
Feuerkäfer 54
Feuerwanze 23
Flatidae 36
Fleckige Brutwanze 18
Flügel 7, 9, 10, 44

Gargaphia solani 28
Gebänderter Pinselkäfer 12, 63
Gefurchter Dickmaulrüßler 78
Gelastocoridae 33
Gelastocoris peruensis 33
Gemeiner Totengräber 46
Gerris lacustris 32
Gespensterwanze 30
Gewürfelter Raubkäfer 47
Glasflügelwanze 27–28
Gliederfüßer 12
Glühwürmchen 49
Goldleiste 44
Große Lupinenblattlaus 42
Grüner Schildkäfer 75
Grüne Stinkwanze 18
Golofa pizarro 66
Graphosoma italicum 12, 19

Haselblattroller 77
Haselnußbohrer 77
Hectarthrum gigas 50
Hippodamia convergens 53
Hirschkäfer 12, 67
Hyalymenus sp. 26

Italienische Streifenwanze 12, 18

Judolia cerambyciformis 69
Julodis hirsuta 57

Kardinal 54
Kartoffelkäfer 73
Kerbtiere 12
Klassifikationssystem 12
Krummfühlerwanze 26
Kugelwanze 12, 16
Kurzflügler 47

Lampyris noctiluca 49
Langwanze 24
Larven 7, 8
Laternenträger 12, 35
Laternaria laternaria 35
Laufkäfer 11, 44–45
Lederwanze 25–26
Leptinotarsa decemlineata 73
Leptocoris trivittatus 27
Leuchtkäfer 49
Libyaspis coccinelloides 16
Lucanus cervus 67
Lycus arizonicus 48
Lygaeus kalmii 22
Lygaeus saxatilis 22

Macrosiphum albifrons 42
Maikäfer 12, 62, 65
Malachius bipustulatus 50
Marienkäfer 9, 10, 52–53
Mecocerus rhombeus 79
Megalodacne heros 51
Melolontha melolontha 65
Metamorphose 7
Metriona clavata 75
Monochamus oregonensis 70
Mylabris oculata 58

Narnia snowi 25
Nashornkäfer 66
Neacoryphus bicrucis 22
Necrophorus vespillo 46
Nemognatha lurida 60
Netzwanze 28
Notonecta glauca 34
Nymphen 7, 8

Oberea oculata 72
Ochrosthes z-littera 69
Oedemera nobilis 54
Ölkäfer 58–60
Oncopeltus fasciatus 21
Ontholestes tessellatus 47
Oryctes nasicornis 66
Otiorhynchus sulcatus 78

Palomena prasina 19
Perillus bioculatus 20
Peromatus sp. 20
Philaenus spumarius 38
Phromnia rosea 36
Phyllobius argentatus 76
Phymata erosa 30
Plattkäfer 50
Plusiotis gloriosa 64
Polyphylla sp. 62
Prachtkäfer 57
Pselliopus zebra 31
Pseudococcus affinis 43
Puppenstadium 8
Pyrochroa serraticornis 54
Pyrrhocoris apterus 23

Randwanze 25–26
Raubwanze 31
Rindenwanze 14–15
Röhrenlaus 42
Rostrum 10, 14
Rotdeckenkäfer 48
Rückenschwimmer 34
Rüssel 8, 14, 35
Rüsselkäfer 76–79

Saumwanze 10
Scharlachroter Pilzkäfer 51
Schattenkäfer 61
Schaumzikade 38
Scheinbockkäfer 54
Schildchen 9, 11
Schildwanze 10, 17
Schmiede 56
Schmierlaus 43
Schneider 32
Schnellkäfer 56
Schröter 67
Schwammkäfer 51
Schwarzkäfer 61
Schwefelkäfer 61
Scutellum 9, 11
Semiotus affinis 56
Sichelwanze 15
Silbriggrüner Laubholzrüßler 76
Singzikade 39
Soldatenkäfer 49
Spargelhähnchen 73
Stachelwanze 18
Stäublingskäfer 51
Sternotomis variabilis 72
Stigmodera rufolimbata 57
Stinkwanze 9, 19
Stiretrus anchorago 17
Strangalia maculata 68

Talanthium phalangium 79
Tectocoris diophthalmus 7, 17
Tetraopes femoratus 71
Tibicen canicularis 39
Tragocephala variegata 72
Trichiotinus assimilis 63
Trichius fasciatus 12, 63
Trichodes ornatus 55
Typocerus zebra 68

Umbonia crassicornis 41

Warzenkäfer 50
Wasserläufer 32
Weichkäfer 49
Weichwanze 29
Wollaus 43
Wollkäfer 50

Zierkäfer 50
Zikade 8, 38, 39, 40
Zipfelkäfer 50
Zophobas rugipes 9
Zwergzikade 40